U0223946

云裳彩衣

民族特质的服饰文化

王彦骁 编著

陕西新华出版传媒集团

未 来 出 版 社

图书在版编目（ＣＩＰ）数据

云裳彩衣：民族特质的服饰文化 / 王彦骁编著. --西安：未来出版社，2018.5
（中华文化解码）
ISBN 978-7-5417-6614-5

Ⅰ.①云… Ⅱ.①王… Ⅲ.①民族服饰－服饰文化－研究－中国 Ⅳ.①TS941.742.8

中国版本图书馆CIP数据核字(2018)第085954号

云裳彩衣——民族特质的服饰文化
YUNCHANG CAIYI——MINZU TEZHI DE FUSHI WENHUA

选题策划	高 安 马 鑫
责任编辑	董文辉
装帧设计	陕西年代文化传播有限公司
出版发行	陕西新华出版传媒集团　未来出版社
	地址：西安市丰庆路91号　邮编：710082
经　销	全国新华书店
印　刷	陕西天丰印务有限公司
开　本	880mm×1230mm 1/32
印　张	6
版　次	2018年6月第1版
印　次	2018年6月第1次印刷
书　号	ISBN 978-7-5417-6614-5
定　价	21.00元

总序

　　中华民族的历史源远流长，从刀耕火种之始，物质文化便与精神文化相辅相成，一路扶持，共同缔造了博大精深的中华文化。这不仅使古代的中国成为东亚文明的象征，而且也为人类文明史增添了一大笔宝贵的遗产。在中国的传统文化中，物质文化以其贴近人类生活，丰富多彩和瑰丽璀璨的特点，集艺术与实用为一体，或华丽，或秀雅，或妩媚，或质朴，或灵动，或端庄，而独步于世界文化之林，古往今来备受东西方瞩目。"中华文化解码"丛书以通俗流畅、平实生动的文字，为我们展示了传统文化中一幅幅精美的图画。

　　上古时代，青铜文化在中原地区兴起，历经夏、商、西周和春秋，约1600年。其间生产工具如耒、铲、锄、镰、斧、斤、锛、凿等，兵器如戈、矛、戟、刀、剑、钺、镞等，生活用具如鼎、簋、盨、簠、盉、敦、壶、盘、匜、爵等，乐器如铙、钟、镈、铎、句鑃、錞于、铃、鼓等，在青铜时代大都已出现了。西周初期，为了维护宗法制度，周公制礼作乐，提倡"尊尊""亲亲"，一些日常生活中所用的器物逐渐演变成体现社会等级身份的"礼器"——或用于祭祀天地祖先，或用于朝觐宴饮，身份不同，待遇不同，等级森严，不得逾越。王公贵族击鼓奏乐、列鼎而食，天子九鼎，诸侯七鼎，卿大夫、士依次递减，身份等级，斑斑可见。鼎、簋、盨、簠等食器，铙、钟、镈、铎等乐器，演变成为贵族阶级权力的象征。以青铜器为象征符号的礼乐制度，虽然随着青铜文化的衰落而由仪式转向道德，但对中国传统文化的影响却极为深远。

春秋战国时代，由于铁器的兴起并被广泛应用于社会生产和日常生活之中，人们的生活方式发生了巨大的改变。首先，铁农具的使用提高了农业生产力，社会财富日益积累，人们的生活水平得以提高，追求物质享受和精神愉悦的需求，反过来促进了衣食住行生产的发展；其次，手工制造业也因铁器的使用而开始发达，木质生活器具——漆器兴起，并逐渐取代了青铜器成为日常生活中的主要器具。曾经作为礼器的各类器具走下神坛，开始了"世俗化"的生活，品种越来越多，实用性越来越强，反过来促使生活器具愈来愈趋向人性化。在物质与精神的双重追求下，传统社会的物质文化不断向着实用和审美两者兼具的方向发展，成为中华民族传统文化的象征符号。

中国是传统的农业国家，讲起传统文化，不得不首先谈谈耒耜、锄、犁、水车、镰和磨等农业生产工具。人们使用它们创造并改变了自己的生活，同时也在它们身上寄托了丰富的感情。在中国的传统文化里，一直存在着入世与出世的两种精神。或读书入仕，或驰骋疆场，光宗耀祖，修身、齐家、治国、平天下的理想激励着多少古人志存高远。但红尘的喧嚣，仕途的艰险，又使人烦扰不已，于是视荣华为粪土，视红尘为浮云，摆脱尘世的干扰，寻一方乐土，回归淡然恬静，也成为很多人理想的生活方式。耒耜、犁等作为农业生产必不可少的农具，也成为这些人抒发遁世隐居情怀的隐喻。"国家丁口连四海，岂无农夫亲耒耜。先生抱才终大用，宰相未许终不仕。"那座掩映在山间，坐落在溪流之上的磨坊，随着水流而吱吱旋转永无休止的磨盘，则成为古人自我磨砺、永不言败、超脱旷达的象征。

农耕文化"日出而作、日落而息"的慢节奏的悠闲生活，使得我们的祖先有的是时间去研究衣食住行等多方面的内容，从而创造了独特的东方文化精粹。其中，饮食文化是最具吸引力的一个内容。不论是蒸、煮、炝、炒，还是煎、烤、烹、炸，不论是蔬果，还是肉蛋，厨艺高超的烹饪师都有本事将它们做成一道道色、香、味俱全的美味佳肴。这些美味佳肴配上制作精美、造型各异的食器，便组成了一场视觉与味蕾的盛宴。从商周的青铜器，到战国秦汉的漆器，再到唐宋以后的瓷器，传统社会的食器从材质到形制及其制作方法都发生了很大的变化，唯一不变的是对美学艺术和精神世界的追求。从抽象而神秘的纹饰，再到写实而生动的画面，不论是早期的拙朴，还是后期的灵秀，都倾注着中华民族的祖先对生活的热爱与执着。因为饮食在中国传统文化中起着调和人际关系的重要作用，所以中国文化的含蓄与谦恭，尽在宾主之间的举手投足之中，而那一樽樽美酒、一杯杯清茶与精美的器皿则尽显了中国饮食文化的热情与好客。"醉翁之意不在酒，在乎山水之间也"，"兰陵美酒郁金香，玉碗盛来琥珀光"，酒与古代文人骚客"联姻"，成就了多少绝世佳句！

衣裳服饰，既是人类进入文明的标志，也是人类生活的要素之一。它除了具有满足人们遮羞、保暖、装饰自身需求的特点外，还能体现一定时期的文化倾向与社会风尚。我国素有"衣冠王国"的美称，冠服制度相当等级化、礼仪化，起自夏、商，完善于西周初期的礼乐文化，为秦汉以后的历代王朝所继承。然而在漫长的历史发展中，我国的传统服饰，包括公服和常服，却不断地发生着变化。商周时的上衣下裳，战国时的深衣博带和赵武灵王的"胡服骑射"，汉代的宽袍大袖，唐代的沾染胡风与开放华丽，宋明时期的拘谨与严肃，清代的呆板与陈腐，无不与经济、政治、思想、文化、地理、历史以及宗教信仰、生活习俗等密切相关。隋唐时期，社会开放，经济繁荣，文化发达，胡风流行，思想包容，服饰愈益华丽开放，杨玉环的《霓裳羽衣曲》以"慢束罗裙半露胸"的妖娆，惊艳了整个中古时代。

在中国古代服饰发展的过程中，始终体现着社会等级观念的影响，不同社会身份的人，其服装款式、色彩、图案及配饰等，均有着严格的等级定制与穿着要求。服饰早已超越了其自然功能，而成为礼仪文化的集中体现。

对人类而言，住的重要性仅次于衣食。从原始时代的穴居和巢居，到汉唐的高大宏伟的高台建筑，再到明清典雅幽静的园林，中国的居住文化由简单的遮风避雨，逐渐发展到舒适与美观、生活与享受的多种功能，而视觉的舒适与精神的审美则占了很大一部分比重。明代文人李渔在《闲情偶寄》中讲道："盖居室之制贵精不贵丽，贵新奇大雅不贵纤巧烂漫"，"窗栏之制，日新月异，皆从成法中变出"。在他们眼中，房屋的打造本身就应该是艺术化的一种创作，一定要能满足居住者感官的需求，所以要不断推陈出新。在这样的诉求下，中国的传统居住文化集物质舒适与精神享受为一体，一座园林便是一个"天人合一"的微缩景观，山水松竹、花鸟鱼虫等应有尽有，楼、台、亭、阁、桥、榭等掩映其间，错落有致。临窗挥毫，月下抚琴，倚桥观鱼，泛舟采莲，"蓬莱深处恣高眠"，"鸥鸟群嬉，不触不惊；菡萏成列，若将若迎"，好一幅纵情山水、优游自适的画卷！

与传统园林建筑相得益彰的是家具。明清时代的木制家具不仅是中国文化史上精美的一章，也是人类文明史上华丽的一节。幽雅的园林建筑配上典雅精致的木制家具，寂寞的园林便有了生命的存在。木质家具是人类生活中必不可少的器具，它的广泛使用与铁制工具的普及密切相关。从秦汉时期的漆器，到明清时期的高档硬木，古典家具经历了2000多年的发展历程。至明清时代，中国的古典家具便以简洁的线条，精致的榫卯结构，以及雕、镂、嵌、描等多种装饰的手法而闻名于世。因为桌案几、椅凳、箱柜、屏风等的起源都可上溯到周代的礼器，所以尽管长达数千年的发展，木质家具早已摆脱了礼器的束缚，不但形式多样，而且制作精美，但是在它们身上仍然体现了传统文化的影响。功用不同，形制不一，主人的身份不同，家具的装饰与材质也就不同。一张桌子、一把椅子、一张床、一座屏风，不仅仅显示的是主人的身份和社会地位，也是主人品位和风雅的体现。正因为如此，文人士大夫往往根据自己的生活习性和审美心态来影响家具的制作，如文震亨认为方桌"须取极方大古朴，列坐可十数人，以供展玩书画"。几榻"置之斋室，必古雅可爱"。"素简""古朴"和"精致"的审美标准，加上高端的材质、讲究的工艺和精湛的装饰技术，使我国的古典家具成为传统物质文化中的瑰宝。

中国传统文化有俗文化与雅文化之分，被称作翰墨飘香的"文房四宝"——笔、墨、纸、砚，便是雅文化中的精品。这是一种渗透着传统社会文化精髓的集物质元素与精神元素为一体的高雅文化。从传说中的仓颉造字起，笔、墨、纸、砚便与中国文人结下了不解之缘。挥毫抒胸臆，泼墨写人生，在文人士大夫眼中，精美的文房用具不仅是写诗作画的工具，更是他们指点江山、品藻人物、激扬文字、超然物外、引领时代风尚的精神良伴，即"笔砚精良，人生一乐"是也。作为文人的"耕具"，笔具有某种人格的意义，往往作为信物用于赠送。墨等同于文才，"胸无点墨"便是不知诗书。在中外的历史上，没有哪一个民族像中华民族这样，能把文化与书写工具紧密相连，也没有哪一个民族的文人能像中国文人那样，把笔、墨、纸、砚视作自己的生命或密友。在这样的文化氛围中，人们对笔、墨、纸、砚的追求精益求精，它们不再仅仅是书画的工具，更成为一种艺术的精品。可以说，文人士大夫对"文房四宝"的痴迷赋予其深沉含蓄的魅力，而深沉含蓄的"文房四宝"则成就了文人士大夫温文儒雅、挥洒激扬的风姿。"风流文采磨不尽，水墨自与诗争妍。画山何必山中人，田歌自古非知田。"两者水乳交融的结合，形成了中国文化特别是书画艺术无与伦比的意蕴。

说到音乐，则既有所谓"阳春白雪"之类的雅乐，也有所谓"下里巴人"的俗乐，更离不开将音乐演绎成"天籁之声"和"大珠小珠落玉盘"的传统乐器。音乐的产生与人类的文明有着密切的关系，音乐和表现音乐的各种乐器，与文学、书法、绘画等艺术形式一样，既是人类文明的产物，也是文化的重要组成部分。作为精神文明的成果，音乐经历了人神交通、礼仪教化、陶冶情怀和享受娱乐的几个阶段，曲调由神秘诡异、庄重肃穆变得清雅悠扬、活泼轻快起来。传统的乐器也由拙朴的骨笛、土鼓、陶埙等，演变成大型的青铜编钟，进而又演化成琴、筝、箫、笛、二胡、琵琶、鼓等。每一种乐器都演绎着不同的风情，"阅兵金鼓震河渭"擂起的是军旅的波澜壮阔；"半台锣鼓半台戏"敲响的是民间的欢乐喜庆；有"天籁之音"之称的洞箫，吹出的是中国哲学的深邃；音色古朴醇厚的埙，传达的是以和为美的政治情怀。在所有的乐器中，最为人所重的是琴。在古代，琴被视为文人雅士之所必备，列于琴、棋、书、画之首，"琴者，情也；琴者，禁也"，它既是陶冶情怀、修身养性的重要工具，又是抒发胸怀、传递情感的媒介。一曲《高山流水》使伯牙、钟子期成为绝世知音，一曲《凤求凰》揭开了司马相如与卓文君爱情的序幕，《平沙落雁》《梅花三弄》等则奏出了骚人墨客的远大抱负、广阔胸襟和高洁不屈的节操。

与雅文化相对应的是俗文化。俗文化产生于民间，虽然没有"阳春白雪"的妩媚与高雅，却有着贴近生活的亲切和自然。那些小物事、小物件，看起来不起眼，却在日常生活中不可或缺。那盏小小的油灯，虽然昏暗，却在黑暗中点燃了希望；上元午夜的灯海，万人空巷，火树银花，宝马雕车，是全民族的节日狂欢。文化必须在流动中才能绽放美丽。那曾经是帝王专用的华盖，虽然因走向民间而缺少了威严，但民间的艺术却赋予它更多的生命意义：以伞传情，成就了白娘子与许仙的传奇；以伞比兴，胜于割袍断义的直白。庆典中的伞热烈奔放，祭典中的伞庄重肃穆，浓烈与质朴表达的都是传统文化的底蕴。原本"瑞草葳莛叶生风"的扇，只为夏凉而生，在文人墨客手里却变成了风雅，"为爱红芳满砌阶，教人扇上画将来。叶随彩笔参差长，花逐轻风次第开"。

扇与传统书画艺术的结合，使其摇身一变而登堂入室。而秋扇寒凉之悲，长袖舞扇之美，则为扇增添了凄美与惊艳。那把历经沧桑的锁呢？它锁的不是悲凉哀伤，而是积极快乐、向往美好和吉祥如意的心，既关乎爱情，也关乎生活，更关乎人生！

在传统的民俗文化中，有一组主要由女人创造的物质文化载体，那就是纺织、编织、缝纫、刺绣、拼布、贴布绣、剪花、浆染等民间手工艺品。同其他传统物质文化一样，这些民间手工艺品，在中国也传承了数千年的历史，并且一代一代由女性传递下来。这些民间艺术作品秀外慧中，犹如温婉的女子，默默与人相伴，含蓄多情，体贴周到却不张扬。因为是女人的制作，这些民间艺术难登大雅之堂，但离了它，人们的日常生活便缺失了很多色彩。

剪纸起源于战国时期的金箔，本是用于装饰，自从造纸术发明以来，心思灵慧的女人们便用灵巧的双手装点生活，婚丧嫁娶，岁时节日，鸳鸯戏水、十二生肖、福禄寿喜、岁寒三友等，既烘托了气氛，又寄托了情感。男女交往，两情相悦，剪纸也是媒介，"剪彩赠相亲，银钗缀凤真……叶逐金刀出，花随玉指新"。

由结绳记事发展而来的中国结，经由无数灵巧双手的编结，呈现出千变万化的姿态，达到"形"与"意"

的完美融合。喜气洋洋的"一团锦绣"，象征着团结、有序、祥和、统一。

最早的绣品出现在衣服之上，本是贵族身份地位的标志，龙袍凤服便是皇帝和皇后的专款。不过，聪慧的女人把自己的生活融入了刺绣艺术之中，各种布艺都是她们施展绣技的舞台，对生活的期望和祝福也通过具有象征意义的图画款款表达。那或精致小巧、或拙朴粗放的荷包，都寄托了女人们不尽的情怀！中国的四大名绣完全可以当之无愧地登堂入室，成为中华传统文化的瑰宝。

"渔阳鼙鼓"不仅惊醒了唐玄宗开元盛世的繁华梦，也打破了大唐民众宁静的生活。那些从远古狩猎器具发展演变而来的干戈箭羽，曾经是猎人骄傲的象征，如今却变成了杀人的利器，刀光剑影中，血似残阳。在漫长的冷兵器时代，刀枪棍棒、斧钺剑戟，对皇家而言，是权威的象征，威严的仪仗便是象征着皇权之不可撼动；但对个人而言，则是勇士身价的体现，三国时代的关羽以"走马百战场，一剑万人敌"而扬名千年。然而，正如其他器物一样，兵器在传统文化中也被赋予了多样的文化象征意义。"项庄舞剑，意在沛公"，这剑便是杀气，项庄便是剑客；文人弄剑，展现的则是安邦定国、建功立业的豪气。斧钺由兵器一变而为礼器，象征着军权帅印，接受斧钺便意味着被授予兵权，因此斧钺就成为皇权的象征。斧钺的纹饰为皇帝所独享，违者就是僭越。礼乐文明赋予传统文化雍容的气质，也为嗜血的兵器涂上一抹温雅的祥和，那就是"化干戈为玉帛"和射礼的出现。春秋时代的中原逐鹿原本就是华夏民族内部的纷争，"兄弟阋于墙，外御其侮"，民族发展的最大利益便是和平。逐鹿的箭羽配着优雅的乐调，大家称兄道弟一起享受着投壶之乐，一切矛盾化为乌有。

具有五千年历史的中华民族，以其勤劳和智慧，创造了丰富多彩、璀璨夺目的物质文化。它们源于生活，又高于生活，在数千年的发展中，融合了雅俗文化的精髓，变得富有生命力和艺术创造力。它们是一种象征符号，蕴含了传统文化的博大精深；它们是一幅美丽的画卷，展现了传统文化的精致典雅；它们是一部传奇，演绎了传统文化由筚路蓝缕走向辉煌。它们所体现出的文化元素，不仅使历史上的中国成为东亚文化的中心，也成为西方向往的神秘王国。它们犹如一部立体的时光记忆播放机，连续不断地推陈出新，中华文化精神也就在这些集艺术与实用为一体的物质元素中一代一代地传承下来。

焦　杰

目　录

绪　论

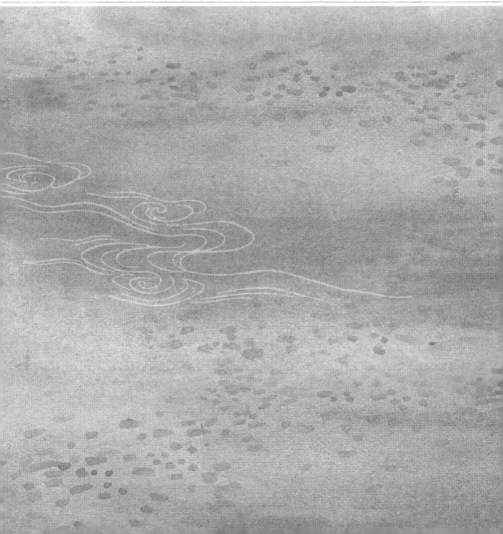

服饰，在整个人类文明进化史中，以最直观的表象意义将人与其他物种区分开来。也就是说，迄今为止，在地球上生存或者出现过的已知物种里，只有人类在其生存演变过程中进行了非本能性的穿戴。服饰的穿戴，就此成为区分人类和非人类生物最主要的标志之一。追溯其起源和发展，就会发现，它的演变和人类精神世界的变化息息相关。

　　作为世界四大文明古国之一的中国，服饰文化更是我国传统文化中不可或缺的要素之一。仔细梳理中华文明中服饰发展的主要脉络，就可以从另一个层面清晰地看到我国文明进程中阶段性的纹理分布。

　　本书作者以时间轴为坐标，以远古时期的中华文明启蒙时期为起点，在梳理服饰材质、纹理、款式等外在条件的同时，通过服饰呈现出每个时期的审美、政治、经济、科技等方面的发展特点。将传统意义上服饰停留在人类艺术文明史的维度拉伸，将服饰文明的发展深入浅出地转化为中华民族审美意识与自身精神追求的外在表现。

　　作者认为，物质文明的进步是人类科学知识层面的积累与传承，但哲学以及美学等意识形态层面的差异将决定着物质与人类文明相结合的表现形式。就像中外服饰差距一般，同一时期的物质水平相同，但中国服饰受儒家思想传承影响，更多地表现出人与天地、礼仪之间的重重关联。

本书在展现各个时期服饰变化进程之外，根据中华精神文明的特质来解析中华服饰文化。这种解析，将借服饰发展进程剖析人类从衣不遮体的荒蛮时期，如何走向当今高度文明的过程，以及从实用性向艺术性的演进。

简而言之，服饰的发展是一个民族精神特质外化的最直接表现。

一、物质诉求向政治诉求的转变
——衣的起源

是谁给中华民族的先祖穿上了第一件衣服？这个问题，迄今为止没有人能给出答案。无论是历史学界、人类学界还是其他专业性领域，在这一问题上都只能提出针对各自领域的学术性推论。所以人类是为什么穿上第一件衣服，说法也极为广泛。当今最热门的说法主要有身体保护起源说、人体装饰起源说、人性羞耻起源说、两性吸引起源说、适应气候起源说、图腾巫术起源说等。这些学术性的推论虽然都各执一词，但都没有扎实的证据辅助其成为定论。

虽然这一问题至今没有标准答案，但1930年考古工作者在山顶洞人生活过的遗址中发现的一枚长82毫米、直径3.1~3.3毫米的骨针却给人们带来许多猜想。这枚骨针针头尖锐，虽然针眼有部分残缺，但仍可以分辨出其有1毫米左右的孔径。在随后的考古工作中，陕西西安半坡新石器时代遗址又出土了328枚骨针，其他各地遗址也相继出土了大量型号各异的骨针。这些骨针的发现，证明早在 18000 年以前中华儿女的祖先就已经懂得使用缝纫技术制作以兽皮为主的衣服来保护身体，抵御寒冷。在这些遗址中，还发现了他们使用赤铁矿粉对衣服进行着色的迹象。这种迹象表明山顶洞人的审美意识已经觉醒，而这件使用缝纫技术制作的兽皮衣服，更是拉开了中华文明史中服装发展进程的序幕。

距今约 7000 年的河姆渡人使用的"踞织机"，将中华服装发展进程带入了人工纺织阶段。随着蚕丝技术的成熟，配合皮、毛、麻、葛等材料，我们的祖先可以根据自身的喜好可控地选择材料的薄厚以及裁剪的款式。

追源溯本，根据中国古籍记载，衣服的发明和其他许多远古事物的创造一样，都绕不开三皇五帝的智

山顶洞人的骨针

慧。根据《周易·系辞下》中"黄帝尧舜垂衣裳而天下治，盖取诸乾坤"的记载，不难看出，在黄帝时期服饰已经具备了表达政治诉求的直观意义。黄帝诸君垂衣袖手而天下治，宣扬的是当时统治阶级无为而治的政治理念，更是通过这种方式将尊贵卑贱的理念和服饰的区分紧密地联系在了一起，中国服饰文化的上下尊卑意识即被框定。这种意识逐步发展成中国服饰文化的主要特征。至此，服饰的使用意义已经开始向政治意义和象征意义过渡。

随着社会等级制度的发展，尊卑礼仪和相应的服饰制度应运而生。中国衣冠制度定型于周代（前1046—前256），当时形成了一套针对君王到庶民的服饰规定，并详细收录在治国法典当中。这就让周代的服饰种类因为社会活动的不同而有了区分。这些服饰主要有祭礼服、朝会服、戎服、吊丧服、婚礼服等。

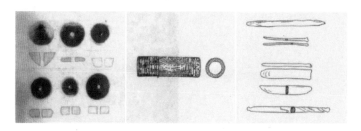

远古时期的纺织工具

以古代君王祭祀时穿的礼服为例，当时从制式到图案都有着严格的规定。这种祭祀用的礼服叫冕服，穿戴方式有着极其严格的要求。这种服装的交领以右衽，意思是说领子要系向身体的右边，外观看上去如同英文字母 y。而领子系的方向是绝对不能弄反的。冕服由上衣和下裳（*裙子*）组成，中间配有腰带。上衣的颜色采用象征"天"的青黑色，下裳则以代表"地"的黄赤色为主。同时，上衣和下裳分别纹有六种不同图案，这十二种图案就是古代君王祭祀服装最重要的十二章纹。

十二章纹是指日、月、星辰、山、龙、华虫、火、宗彝、藻、粉米、黼（fǔ）、黻（fú）等十二种图案。这十二种图案各有寓意，日、月、星辰代表光辉，山代表稳重，龙代表变化，华虫（*雉鸡*）代表文采，火代表热量，宗彝代表智勇双全，藻代表纯净，粉米代表滋养，黼代表决断，黻代

先秦时期冕服上的十二章纹

表去恶存善。十二章纹的出现，将中国服饰文化中政治诉求和象征意义的表现推向了巅峰。

这种严苛的服饰要求随着春秋（前770—前476）、战国（前475—前221）时期诸侯割据，学术百家争鸣局面的产生而表现出了新的气象。服装风格也趋于多元化。较为著名的典故则是战国时期赵武灵王发起的"胡服骑射"事件。这是我国历史上记录最早的由国家政治改革引发的服装改革事件。当时赵国地处北方，与东胡、楼烦等善于骑射的少数民族接壤。赵武灵王为抵御这些少数民族的骚扰，决心借鉴少数

十二章纹

民族方便骑射的长裤革靴的服装特点。这次服装改革
引发了赵国各个阶层不同程度的心理抵触。不过最终
赵武灵王改革服装成功，提高了赵国的军事作战能力。
这个事件中，中原人地理环境的优越感让其抵触胡服
的推广，非常清晰地说明服装对地域性认同和心理归
属感等文化层面的构建在战国时期已经完成。

　　到了两汉（前206—220），统治者则以周礼为
基础，颁布了条理清晰的服饰制度。这个制度详细到
对服装的颜色及男女制式都有要求：颜色要求春天青
色、夏天赤色、秋天白色、冬天皂色，以此呼应四季
的节气特点；要求妇女日常服装以上衣下裙为主，这

梳髻、身穿深衣的西汉妇女

也成为后世汉族女装的基本模式。

在魏晋南北朝（220—589）时期，政权频繁更替，天下混战，人口大规模迁移。汉人因为和少数民族杂居，服装款式上也相互影响，出现了很大变化。

此后，对中国服饰文明进程产生重大影响的时期主要是唐（618—907）、明（1368—1644）、清（1616—1911）三个朝代。虽然在这期间，宋朝（960—1279）出现了妇女束胸的风潮，但对中国整体服饰文

身穿襦（rú）裙及袍衫的唐朝贵族妇女及侍女（《虢国夫人游春图》局部）

化的变迁并未起到决定性的作用。

相比之下，唐朝华美的风潮，女人低胸短衫和身着男装的风气震古烁今，确实独具一格。明朝则是因为政治原因，禁胡服，并将帝王及文武百官服装的制式、等级、穿着礼仪等规定推向了极致，形成了一套极为烦琐的服饰礼法。而统治时间长达两百多年的清朝政府，通过服饰的改变完成了满汉交融的民族融合。这一时期以服装色彩区分血统高低的政治制度，极大地影响了中国服饰文化和审美方向。

除却政治诉求，中国服饰文化和民俗礼仪更加密切地结合在了一起。古代服饰基本采用上衣下裳是因为这种结构代表了天地秩序。与此同时，也出现了上下连属的服饰。这两种服饰成为中国服饰最基本的两种制式。随着服饰制度

穿襦裙及半臂的初唐宫女

的完善，相对的礼仪也逐渐成熟。

　　中国古代社会的道德体系主要构建在伦理体系之上。中国古代社会极其看重男女有别的伦理划分，两性之间有着极为严格的道德规范，哪怕是夫妻也不能共用一个浴室、衣箱，甚至是晾衣服的晾衣架都要男女区分开。再如：一个婚后的妇女回到娘家，是不能和自己的兄弟坐在一个桌子上吃饭的；她要出门时，必须将自己遮蔽得极为严实……

　　也就是在这样的社会礼仪和生活常态中，逐渐发

深 衣

展出了另一种具有中华文明特质的服装，这就是下一节要讲述的一种将身体完美隐藏的服饰——深衣。

二、生活与礼的裁剪
——深衣的出现

　　根据史料记载，周代就出现了深衣的雏形，可由于相关实物和记载都极为有限，因此至今无法确定周代深衣雏形的款式。但也有学者根据清朝学者陈元龙所著《格致镜原》里记载的"深衣，古者圣人之法衣也，考之于经，自有虞氏始焉"推断，深衣的历史可以追溯到上古时期，而款式则和后世流传的袍极为相像。关于深衣起源的学说，都只是以文献中的只言片语作为依据的推论，至今尚未出现更加明确的实物或者文献作为其有力证据，所以深衣的起源还有待考究。但深衣作为古人的日常服饰，这个名字的起源有着极为明确的记载。《礼记·深衣》中说："所以称深衣者，以余服则上衣下裳不相连，此深衣衣裳相连，被体深邃，故谓之深衣。"意思是讲和上衣下裳的制式不同，这种衣服将上衣下裳连成一体后，可以将身体深深隐藏起来，故称为深衣。

到了服装大发展的战国时期，深衣如同潮流一般席卷了神州大地，十分流行。在随后发展的历史浪潮中，深衣的款式逐渐得以确立，其发展更是兴于东汉，衰于明清。

战国时期深衣的款式在很多文献中都有详细记载。这一时期的曲裾（jū）深衣分为男女两款。从出土帛画的还原图像可以直观地看到，女款相对于男款显得更长。当时男款曲裾深衣向身后只斜掩一层，而女款则要缠绕身体好几圈后，在前襟下形成一块三角。当然，作为后世汉服发展的代表服装，男女两款都遵

深衣

循右衽的规则。

由于南北地域的差异，深衣的款式也有所不同。南北文化差异逐渐形成，加之社会生产力相比过去有了质的变化，文化层面的差异就可以借助外物进行表达。北方的深衣在上衣部分隐约能感觉到受胡人服装的些许影响，呈现出衣袖窄而长、上衣贴身、下装衣裾宽大的明显特点。而根据目前出土的文物，南方地区的深衣在款式上有三种，这三种款式在细节上都有着各自的特点。例如在河南信阳长台关出土的漆绘木俑穿的深衣衣袖肥大下垂，在手腕处收紧，衣裾的长度一直达到地面。学者推断，这种设计的目的在于方便肘腕活动，并且可以在宽大的衣袖里储物，存放手巾、香囊等物。再一种为长沙马王堆 1 号汉墓出土的老妇所穿款式，这种深衣腋下、肩部宽松，衣袖则是从肩膀往下逐渐变窄，使袖口显得长而小。这种款式的衣裾同样垂地，保证完全遮挡住足部。这种款式最大的特点是领式的不同。这种领式为交领，开口较低，要能露出内衣，每层领子也要露在外。这种穿法最多可穿三层衣服，也就是著名的"三重衣"。最后一种款式为最普通的样式，衣袖宽松，如同圆桶一般，衣身上下宽窄差异不大。衣裾较短，遮不住足部，但前襟还是露出了折叠的右襟。这种服饰简单方便，是普通民众日常劳作时的着装。

这些基本款式的裁剪，是服饰发展建立在生活实用层面的自然选择。但这些设计都要遵循更加重要的规则，那就是制度与人文精神的双重审美。

商周时期服饰在色彩、材料、款型上已经趋于完善，时至周代，曲裾深衣的出现则证明了政治和人文精神对服饰的决定性影响。虽然从天子到庶民在正装上面有着严格的区分，但在深衣上却不分等级。而深衣的款式也一直围绕着中国"天人合一"的哲学核心思想而发展。

西汉王朝独尊儒术的政策，让儒家的思想延伸到了社会的各个角落。所以左右深衣设计最重要的两个理念就是儒家思想和《周易》对天地人的诠释。《礼记·深衣》记载："制，十有二幅，以应十有二月。"这说明虽然深衣上下连属，但裁剪上还是依循《礼记》对"天"的划分，以这种形式体现在服饰的

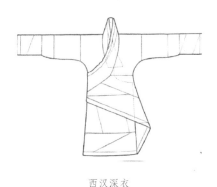

西汉深衣

礼的层面。在细节设计上，深衣以《礼记》中"袂圆以应规，曲袼（jié）如矩以应方"的记载为蓝本，将"袂"（袖）、"曲袼"（领）与代表中国"圆""方"伦理审美的"规"与"矩"相对应。袂圆和袼方也是深衣对中国"天圆地方"以及"无规矩不成方圆"哲学观点的呼应。而深衣上身之后垂直如墨线的要求，则是对公正无私的隐喻。

儒家思想的核心"孝"文化，则表现在深衣的用料及色彩使用上。这种规则的划分在当时是极为详细的。具体的是：父母和祖父母都健在的话，深衣就用真丝镶带花纹的边缘；但要是只有父母健在，就绣青色的边缘；如果是三十岁之前就失去了父亲或者母亲，深衣就要镶白色的边缘，且袖口、下裳、衣襟处都要镶一寸半的边缘。

东汉时期，深衣出现了一次较为明显的改变，就是曲裾深衣向直裾深衣的转变。在这个转变过程

东汉时期的绔

中,发展出了一个重要的因素,那就是内衣的出现。《说文解字》中记载:"绔,胫衣也。"这种被称为"绔"的服饰是只有两条裤管的裤子,具有遮挡、保护腿部的作用。可缺点在于无法掩盖下体,这就需要曲裾下摆的遮掩。随着生活实用需求的加深,军人和下层劳动人民中间出现了满裆长裤。满裆长裤已经具备遮挡下体的功能,所以曲裾的下摆就显得多余,同时加速了直裾深衣的出现。

　　到了东汉末年,直裾深衣的款式最终得以确立。直裾深衣与曲裾深衣的最大区别在于生活便利程度上的改进。直裾深衣更加注重生活层面的实用性,多层缠绕的下摆被宽大的设计所代替。中长内衣和满裆裤的出现,使得直裾深衣可以抛弃曲裾深衣不能完美遮挡身体的顾虑,更大胆地侧重于美观的考虑。直裾深衣上下一体,衣褶以垂直的线条为主,显得简单大方。

　　到了宋代,出现了贯彻儒家思想的朱子深衣。这种深衣也成为日后儒生的标准装束,将儒学和服饰的结合推向了一个新的高度。

　　朱子深衣以套装的形式出现在中国服装史上。它也算是第一套知识分子的职业装束。从头衣到腰带,再到衣裳,都有着严格的隐藏含义。这种套装的头衣被称为幅巾,和腰带一样,有着严格的佩戴标准,这

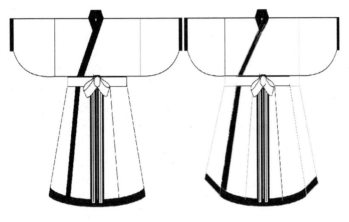

朱子深衣

些标准在后面的章节中会有详细说明。单对衣服的规格标准就足以表现出儒学礼仪的理念。

　　朱子深衣上衣分为四幅，分别代表四季，而下裳的十二幅衣片则寓意一年当中的十二个月份，这些设计都体现出了法天的思想。同时遵循儒家"仁义礼智信"的思想核心。例如衣袖处的圆弧状和衣领处的矩形隐喻做人的规范，后背垂直而下的中缝则代表做人要正直，而下襟与地面齐平则代表了权衡的理念。朱子深衣的完善，不只对中国服装史具有重要意义，还广泛地影响了东亚文化圈，其中最明显的就是对日韩服饰发展的作用和影响。时至今日，韩国人在很多重

大场合都会身
穿脱胎于朱子
深衣的礼服，
以示隆重。

　　深衣的辉
煌一直延续到
了明末清初。
随着清朝统治
者政治诉求的
不同，深衣在
当时政权的剃
发易服政策中
成为重点改革
对象。当时孔
子后人上书为
深衣辩解，称
其是儒家传统
服饰，希望得

朱子深衣

以保留。这一提议被当权者忽视，使得深衣在日常生
活中彻底消失。这一政策反而促成了两部著作的诞生：
明清之际著名学者黄宗羲的《深衣考》及清代大学者
江永的《深衣考误》。这两部著作对深衣的制作方法、尺寸、款式等都做了详细记录，成为后世研究深衣的主要依据。

朱子深衣

三、多种美学的重叠
——服饰用料和款式的考究

在任何时期，服装的发展除却设计等艺术因素，用料和款式对它有着决定性的作用。在中华文明中，服装的款式和颜色始终和政权与神话有着密不可分的联系。中国传统文化中，对于服饰特权的彰显，首先从生产原料的独特占有开始。例如《韩非子》中记载的那样：尧在统治天下的时候，冬天披鹿皮，夏天穿的是葛衣。这里说的葛衣就是麻布。这从侧面证明了在当时人们已经熟练掌握了纺织技术，在对衣服的裁剪工艺上，却主要以遮挡身体为主，并未出现独特的美学设计。尽管在《诗经》中有 40 多处提到过葛的种植和纺织，但周代还是设有专门掌管纺织的官职"典丝"，负责搜刮天下的纺织物，作为权贵及军队使用的特权物资。

我国是蚕丝及苎（zhù）麻的发源地，也是世界上最早使用丝麻做衣服的国家。古希腊和古罗马将我

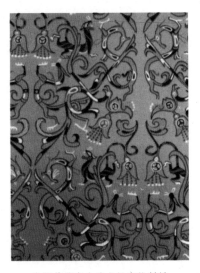

战国楚墓出土的龙凤虎纹刺绣

国称为"塞里斯"，也就是"丝之王国"的意思。直至今日，欧美各国还将苎麻称为"中国草"。这些都是中华服装发展史给世界带来的影响。至于衣服上的图案和花色，则是从商代开始广泛使用的。商代的衣服上常常布满云形花纹，以华丽的风格为主。商周时期，服装的色彩喜用暖色。在具体颜色的使用上，商周时期的服装主色为红、黄，中间间接穿插棕色和褐色。冷色调的使用也存在，但使用范围相对狭窄。

先秦时期，棉花还没有引进中国，广泛使用的还是麻布裁剪的衣服。但这个时期在款式上出现了内衣短袍，也就是后世所说的袄。这种袍的出现只是丰富了衣服的实用性，它并不能作为礼服穿在外面，必须衬在正装下面。这种款式就是先秦时代主要的冬衣。

到了秦汉时期，大量可以用来制作服装的原材料

春秋战国服饰（袍）

花草纹绣浅黄绢面绵袍
袍长165cm
领缘宽6cm
袖展158cm
袖宽45cm
袖口宽45cm
袖缘宽11cm
腰宽59cm
下摆宽69cm
襟缘宽8cm
湖北荆州地区博物馆藏。
1982年湖北江陵马山砖厂1号战
国楚墓出土。

战国时期的花草纹绣浅黄绢面绵袍

的出现，让这一时期的服装出现了百花齐放的繁荣景象。此时进入了蚕丝大规模发展的高峰时期。当时丝织品的种类繁多，有绢、练、锦、纱、罗、纨、绫等种类。其中织锦和提花织品最为精巧出众。

魏晋南北朝时期，服饰的变化主要建立在打破原有服装设计理念的基础上。这种变化出现了两个极为重要的特征。

一个是普通服装设计打破了汉装原有的定式，吸收了大量胡服的设计元素。具体表现是色彩的使用摒弃了秦汉时期以青、紫为贵的服装理念，大量使用秦

汉时期平民穿的白色。在款式上更是出现了各式各样
的奇装异服,袒胸露背的服装也不在少数。

　　另一个是在军事服装领域,首次出现了保护前胸、
后背的圆护。这种圆护大多以铜铁打磨而成,反光效
果极佳。在战场上,这种铠甲被太阳一照,会反射出
耀眼的光芒,故起名为"明光铠"。可以说明光铠是
中国军事服装领域首个将金属制品和服装完美结合的
典范。还出现了更为实用的"裲(liǎng)裆铠"(裲
裆指背心),在防御和御寒功能上都得以升级。

　　当然,魏晋时期除了上述两点,在女装方面也有
非常突出的表现。魏晋时期的女装对襟、束腰,还
出现了绛纱复裙、丹碧纱纹双裙、丹碧杯文罗裙等
制作工艺精湛的女
装款式。

明光铠

　　到了唐代,并
未出现新的服装制
作材料。但在款式
的设计与革新上
面,唐代标新立异,
对后世的服装发展
产生了深远的影
响。唐朝的官服开

始使用颜色区分级别，例如三品以上用紫色，五品以上用绯色，六、七品用绿色，八、九品为青色。这种颜色等级的划分随着时代的变迁，虽然稍有变动，但却一直保存了主体色彩规则。

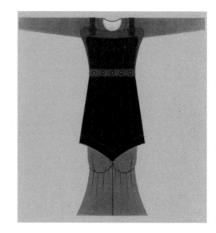

裲裆铠

唐朝国力昌盛，经过长期的民族大融合，服装的发展更趋于开放与华丽。唐初的女性多喜欢佩戴胡帽，穿翻领小袖袍，配条纹小口裤。到了中唐时期，思想更加开放，当时的女性除了喜欢穿着男装，还穿起了低领服装等。当时流行的女裙种类繁多，用色也都极其大胆，其中有一款红艳如同石榴花一般的女裙最受欢迎，它就是后世非常著名的石榴裙。相比之下，男装的款式就中规中矩得多，基本以圆领窄袖袍衫为主。

棉花作为服装制作的重要材料，最早在新疆、云

唐朝官服

南、海南等地种植，宋元时期传入中原地区。元代时，棉花种植迅速发展，并超过桑麻成为我国纺织工业的主要原料。元代继承和发扬了宋代在纺织物里加金的技术。宋时贵族热衷于在衣服的制作工艺中加金，元初时就已经拥有了18项成熟的加金技术。

明朝服饰最大的特点就是官服等级的严格划分。明朝官服的前胸和后背各有一块方形的纹饰，称为补子。明朝规定文官的补子绣飞禽，武官的补子绣走兽，每种纹样按照品级的不同，会有不同的样式。

到了清朝，款式的变化依旧和政权相关，这时的男装主要分为袍、衫、褂、裤。袍的袖口平时翻起，行礼时放下，因为这种袖子的形状像马蹄，所以又叫马蹄袖。褂子的种类繁多，也有贵贱之分：皇族宗室开四衩，官吏开两衩，平民不得开衩。因满人善于骑射，所以有一种褂子在骑马时穿。这种款式长不及腰，袖子仅仅能遮住

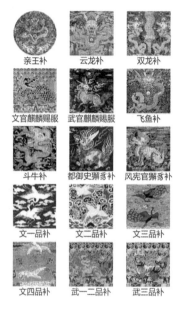

亲王补　云龙补　双龙补

文官麒麟赐服　武官麒麟赐服　飞鱼补

斗牛补　都御史獬豸补　风宪官獬豸补

文一品补　文二品补　文三品补

文四品补　武一二品补　武三品补

明代方补

肘部，叫作"马褂"。马褂分为对襟、大襟和缺襟几种。而缺襟就是马褂比较具有代表性的"琵琶襟"。而马褂的用色除了黄色以外，一般多用青色作为礼服。至于其他颜色，如深红、浅绿、深灰、深蓝等，只能作为日常服饰用色。

　　清代的服饰发展，除了主要服装，在服装配件上，更是对云肩这样的特色搭配进行了革新。例如慈禧所用的云肩是由 3500 个珍珠串织而成的。

　　随着时代的进步，中国服装的发展及内在审美也与时俱进，展现着不一样的东方韵味。

清代云肩

四、时代背景下的性别符号
——裙的出现与发展

在时代背景下，服饰逐渐出现了裙与裤的区分。这种区分成为划定服饰性别最直观的外在符号。

裙由裳演变而来，在古代文字里，"裙"与"群"同源，并无区别。群的意思为多，因为当时生产条件的限制，制作裙子的布帛宽度受限，所以出现了一条裙子由多个布帛拼接而成的状况，"群"的名称由此而来。这种说法在东汉刘熙所著的《释名·释衣服》当中有明确的记载："裙，群也，联接群幅也。"根据对史料的研究，裙子在人们生活中得到广泛应用是汉代以后才开始形成的风俗。这一点考古界也提供了大量的证据。例如在河南新密打虎亭汉墓发现的汉代壁画中，就出现许多穿裙子的妇女形象。另外，马王堆汉墓更是出土了当时裙子的实物。这条裙子是由四块素绢拼接而成的，上窄下宽，呈梯形。裙子腰部的质地也为素绢，只是向外延伸了一部分而已，如此设计方便系结。马王堆出土的这种裙子没有任何纹饰，也没有缘边，所以被称为"无缘裙"。《后汉书·明德马皇后纪》中写道："（后）常衣大练，裙不加缘。"说的就是这种款式的裙子。

如果说深衣是中华服饰文化中男款衣裳的代表，那么女款的襦裙则是体现中华女性风韵的最佳标签。襦裙的衣制沿袭的是传统的汉服服装形制，属于典型的"上衣下裳"设计思路。这款衣服是中国古代女性最喜爱的日常服装。她们上身穿短衣称为"襦"，下身束裙子叫作"裙"，合起来就是整套的"襦裙"了。

魏晋时代之后的襦裙，无论是款式还是着色上面，都进入了一个多元化的时期。从这一时期开始，襦裙上的装饰品逐渐讲究。款式除了普

魏晋时期的女子（顾恺之《洛神赋图》局部）

通的裙子外，逐渐出现了绛色纱裙、丹碧纱纹双裙、紫碧纱纹双裙等款式。两晋十六国时期，流行一种名为"间色裙"的裙子。这种款式的裙子是以两种颜色的布条拼凑缝合而成的。成品裙子被这些不同颜色的布条分为数道，颜色交叉呼应，表现出非常大胆的色彩创意。刚开始时，颜色的搭配为红绿、红蓝、红黄几种。随着款式的变化，裙子的颜色也变得更加丰富，不再局限于两种色调的搭配，趋于更多色彩的搭配。

襦裙

甘肃酒泉丁家闸古墓壁画上的女子就穿着这种款式的裙子。

南北朝时期的裙子非常具有特色，这一时期裙子最大的变化是纹饰的增多。纹饰变得复杂精美，其精致程度完全可以比肩工艺品。发展到隋代，裙子的款式依然以南北朝时期为主。长裙在这一时期极受欢迎，间色裙在隋代的时候颜色变得更加复杂。最终间色裙在隋代发展成为"十二破"，称其为十二破是因为它由十二间道组成。传说这种裙子由隋炀帝创制，当时被称为"仙裙"。

在唐代，裙子最大的变化主要是在下摆的长度和腰带束缚的部位上。唐代裙子下摆垂达地面已经成为普遍现象，当时的女性在审美上更追求裙子修长的视觉效果，所以带动了腰带束缚部位的变化。腰带从腰部上升至胸部，甚至有的女性将其束在了腋下，以此来加强裙子修长的视觉效果。

隋代裙子

　　当然，唐代裙子除了要看起来修长，在宽度上也以广博为美。当时大多数女性的裙子都集六幅而成，而且根据《旧唐书》记载的布幅宽度推算，当时所说的"六幅"约等于现在的3米。由此可想见当时除了六幅还存在的七幅、八幅的宽度了。这种风靡一时的风尚造成了布料的极大浪费，而且过于宽大的款式也局限了人们的日常活动，所以政府不得不进行干预。《新唐书·车服志》记载："文宗即位，以四方车服僭（jiàn）奢，下诏准仪制令……妇人裙不过五幅，曳地不超过三寸。"

　　唐代的裙子除了这些款式上的变化，在用色上也

唐代裙子

石榴裙

极为大胆。当时最受年轻妇女追捧的是一种鲜红的裙子。这种裙子在唐诗中多有描写，除却其颜色亮丽，还因为它有一个醉人的名字——石榴裙。而石榴裙这一名称的来源并不仅是因为它火红的颜色，更多是因为当时给红裙着色的染料主要是从石榴花中提取的。中国历史上唯一的女皇帝武则天曾在《如意娘》一诗中写道："不信比来长下泪，开箱验取石榴裙。"由此可见石榴裙在当时是多么受到女性的欢迎。所以从唐代起，石榴裙成为女性的象征和代表，至今还有"拜倒在石榴裙下"这样的话语流行。当时的红裙也不是只有石榴裙一种，唐代还有一种名为茜（qiàn）草的植物可以给红裙上色，所以红裙有时也被称为"茜裙"，只不过这种叫法始终无法盖过石榴裙的风头。唐代女性群体中流行的除了红色的石榴裙，还有白色的柳花裙、碧绿色的翡翠裙等。

无论是石榴裙还是柳花裙，都属于单色调染色。

当时除了这种染色技术，还有另外一种名为"晕裙"的款式，显得更加时尚多姿。晕裙是使用两种或两种以上颜色染成相接的图案。两种颜色交接处没有明显的界线，属于自然过渡，所以会有部分晕色效果的出现。在甘肃敦煌莫高窟壁画中就有身穿这种款式裙子的妇女形象。

唐代开放的思想氛围也表现在裙子款式上的奇思妙想。现在有很多服装会印上一些人物头像或者美术作品，其实早在唐代，就出现了在裙子上作画的"画裙"。除了在裙子上作画提高审美效果，当时在裙子上镶嵌珍珠也是一种风尚，这种裙子被称为"珍珠裙"。自创裙子造型在唐代颇受欢迎，当时最为精美的自创类裙子是唐中宗女儿安乐公主所创的百鸟毛裙。《新唐书·五行志》记载："安乐公主使尚方合百鸟毛织二裙，正视为一色，旁视为一色，日中为一色，影中为一色。而百鸟之状皆见。"因为这种精美款式受到追捧，导致当时山林中的珍禽被捕杀殆尽，所以唐代政府不得不出面强行制止此类行为。

到了宋代，裙子的风格更偏素雅，但在宽度上依旧保持广阔的款式。宋代裙子一般都在六幅以上，有的甚至达到了十二幅。裙幅的增加，必然导致折裥（jiǎn）的增多。关于裙子折裥还有一个美丽的传说。

相传西汉时汉成帝与皇后赵飞燕一同在太液池游玩。汉成帝突然兴致大发，命赵飞燕起舞。赵飞燕翩翩起舞之时，突然刮起大风，裙幅飞扬，此时的赵飞燕如同仙女一般。成帝害怕赵飞燕被大风刮走，于是命人抓住她的衣裙。风停之后，赵飞燕的裙子上留下了很多褶皱，从此这种裙子就被命名为"留仙裙"。传说虽然美丽，但也只是传说而已。根据史料记载，裙子折裥最早出现在东汉之后，马王堆出土的裙子没有折裥就是非常有力的证明。折裥在宋代被发扬光大，裙幅越多，折裥就越细密，所以这一时期出现了"百褶"

宋代褶裙

和"千褶"的说法。

辽金元时期，中华大地进入了少数民族统治阶段。这一阶段裙子的款式主要还是沿袭宋代。少数民族的裙子基本保持了各民族的特点，契丹、女真等裙子的颜色也都以本民族习惯的暗色系为主，周身折也保持着六裥的制式。

明清时期的裙子并没有出现太过激烈的变化。明代裙子流行的款式部分和唐代类似，例如石榴裙的强势回归。只是到了末期，出现了一种追求华丽风格的裙子。这种裙子以缎裁剪而成，每个缎条上都绣有图案，并且在两端缝上金线。因为这种裙子与燕尾相似，所以被称为"燕尾裙"。还有一种裙子有细褶数十，每一褶都使用一种颜色，如同月华一般亮丽，取名"月华裙"，也叫"百花裙"。这两种裙子虽然在史料中记载不多，但经常出现在文学作品当中。清代初期的

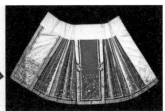

月华裙

裙子主要沿袭明代的款式，随着政权的稳固和经济、文化的发展，自然也出现了一些具有时代特色的款式。

清代有一种叫"弹墨裙"的款式，极受欢迎。这种款式的裙子以浅色绸缎为底料，在上面利用弹墨工艺印上黑色小花，颜色素雅别致，非常受欢迎。而拥有至高权力的女性，例如太皇太后、皇太后、皇后等人，如果遇见朝贺、祭祀等国家大事，必须身穿朝裙。朝裙则根据季节分为冬装与夏装。冬款朝裙以缎为主要材质，边缘缝有兽皮，以此起到保暖的作用。而夏款朝裙则以纱为主材料，边缘缝有锦。和权力相关的朝裙在颜色和花纹的使用上自然有着较为严格的规定。例如朝裙分为上下两部分质地，上身用红色或者绿色，下身就只用石青色。周身折有细裥，对花纹有着极为严格的要求，例如嫔妃上身使用龙纹，下身只能使用蟒纹。

回顾历史，就会发现，由裳演变而来的裙子，在中国服装发展史中成为女性服装最具发言权的代表之作。

五、军事化着装的特征
——戎衣的风貌

社会的发展除了政治、经济、文化之外，军事也是必不可少的核心要素。两军交战，金戈铁马，为了降低自身的伤亡程度，起到保护己方、在混乱战场标识身份等作用，在服装史上就出现了一道阳刚之气十足的风景——戎装。

中国古代戎装的制式主要分为两个部分：一部分是用来保护头部的胄，胄又被称为首铠、兜鍪（móu）、头盔、头鍪；另一部分则是用来保护身体的甲，甲又根据保护部位的不同，分为肩甲、胸甲、腿甲等。

传说甲胄最早是蚩尤从动物"孚甲以自御"中得到灵感创造出来的。但依据目前已经发现的出土文物来判断，甲胄最初的制作材料以藤木和皮革为主。以藤木为原材料的藤甲制作工艺较为简单，一般都是根据身躯的高矮进行量身制作。制作时用葛藤编织一个刚好能覆盖住胸口的背心，再配上一顶可以保护住头部的藤质头盔即可。这种最初的甲胄虽然对人类身体的主要器官进行了保护，但还有很多要害部位无法顾及，而且这种甲胄穿上较为笨重。人类在长时间的实践活动中，发现皮革有较强的抵御能力后，藤甲很快就被皮革质地的盔甲所代替。

人们最初使用皮革保护身体是将整张兽皮包裹在身上，虽然这种做法增加了身体被保护的面积，但在战争中也极大地束缚了战士的活动自由。于是人们将兽皮裁剪成大小不一的皮革，再配合以绳子，固定在身体相对应的部位，以此来保护身体。在材料的选择上，韧性较强的犀牛皮、鲨鱼皮成为最受欢迎的材料。皮革质地的甲胄使用性技术得到解决后，对甲胄的美化需求自然也萌发了。考古学家在河南安阳侯家庄殷墓残存的皮甲上，可以分辨出使用黄、红、黑、白四种颜色描绘图案的痕迹。

从商周时期开始，皮革质地的甲胄已经成为军队的标准配置。所以在中华文化语境中，"革"字又多了一层代表甲胄的含义，它和代指箭戈一类武器的"兵"字相组合，"兵革"一词就成为战争的别称。根据《周礼·考工记》的记载，周代设有专门负责制作铠甲的职位，叫作"函人"（函即铠甲）。函人所使用的材料以兽皮为主，史料记载："函人为甲，犀甲七属，兕（sì）甲六属，合甲五属，犀甲寿百年，兕甲寿二百年，合甲寿三百年。"这里说的合甲就是将两层兽皮合起来制成的铠甲，这种铠甲极为坚韧，可以使用三百年。随着时代的发展，皮甲工艺日新月异，其他材质的铠甲也逐渐崭露头角。周代出现了练甲和金属甲胄。练甲出现的时间较早，多用缣（jiān）帛夹厚棉制成，这种材质的甲胄属于布甲类。甲胄的发展除了依赖当时社会的生产力之外，战争模式的变化对其发展也起了决定性的作用。战国时期，战争主流模式发生了很大的变革，之前以战车为主的作战模式被更为灵活的步骑所代替。为了适应这种作战模式的改变，胡服成为最适合时代特征的军旅服饰。另外一种后背较短、便于骑射的"短后衣"也是当时比较常见的戎服。

攻与防是几千年来人类军事战争的永恒主题。随着铁质武器的出现，皮革质地的甲胄自然无法完成保

战国时期的武士服装

护身体的重任。这种抵御能力的不匹配，势必推动胄甲制作材料的再次革新。在这种需求的推动下，铜甲和铁甲逐渐登上了历史的舞台。铜甲比铁甲更早地出现在中华大地的战场之上。从山东胶州西庵西周车马坑出土的实物可以看到，铜甲的早期雏形其实就是一种简单的胸甲，保护的部位也仅限于胸膛。虽然保护功能没有达到预期的效果，但其野兽面部的形象在战争中确实能起到威震三军的效果。这种铜甲的周边有一些小孔，根据学者的推断，这一时期的铜甲需要和革甲或布甲配合使用。

铁甲的出现相对较晚。考古界发现的最早的铁质铠甲是河北易县燕下都 44 号墓出土的铁甲和铁鍪。这种战国后期的铁甲是由一片片鱼鳞状或柳叶状的铁片连缀而成的。这些铁质小片表面都经过打磨，显得平整光滑。

研究秦代盔甲主要依据的是陕西出土的兵马俑。秦代的盔甲大体分为两种。一种是指挥人员所穿的盔甲，是由整片皮革或其他材质制成，上面镶嵌有金属片或者犀牛甲片，而且绣有彩色的花纹。另一种铠甲是普通秦兵所穿的款式。这是一种由正方形或长方形甲片编缀而成的盔甲。穿戴的时候需要从上往下套，然后用带钩卡住。这类盔甲的甲片也分为两种：一种

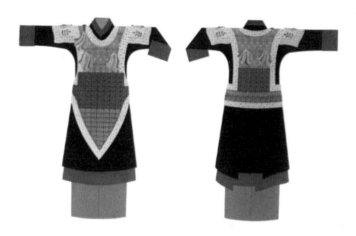

秦代将官铠甲图

是不能活动的固定甲片，主要保护前胸和后背；一种是可以活动的甲片，用来保护双肩、腹部、后腰和领口等部位。秦代士兵的盔甲根据兵种的不同，也有所变化：步兵所穿盔甲制式较长，骑兵所穿盔甲制式较短。

铜甲虽然是金属质地，但重量远超铁甲，所以铁甲成为大势所趋。随着科技的进步，到了汉代，铁甲成为军队标准的装备。

秦代下级军吏俑

汉代将军铠甲　　　　　　汉代士兵铠甲

在汉代，铁甲被称为玄甲（因为铁的本色为黑色）。玄甲主要分为两类，一类是普通士兵穿戴的玄甲，另一类是武将穿戴的装束。士兵穿戴的玄甲在胸背部分都缀以甲片，甲片都以长方形为主。而将军所穿的玄甲则由鱼鳞状的小甲片编缀而成。

在战事多发的魏晋南北朝时期，武士的铠甲发生了很大的变化，出现了较为著名的筒袖甲、裲裆甲和明光甲。到了唐代，出现了一种由绢帛一类纺织品制成的

戴兜鍪、穿裲裆铠的武士
（北魏加彩陶俑，传世实物）

铠甲，叫作绢布甲。这种铠甲轻巧美观，但没有丝毫防御力，属于唐代皇家军队仪仗服装，用来表现大唐威势。

宋时铠甲发展到了巅峰，有钢铁锁子甲、金装甲、长短齐头甲、明举甲、步人甲等。其中整套步人甲由披膊、甲身、腿裙等部分组成，计1825块甲片，重

宋代盔甲

量达到了 25 公斤。这种重量的铠甲并不是标配，大多数士兵的铠甲相对轻盈一些。

自宋之后，铠甲的质地虽然越来越坚固，但也逐渐走向了历史的边缘。元代出现的鱼鳞甲、柳叶甲多是昙花一现。明代出现的由精钢制作的铠甲也未能让其在历史舞台上再放异彩。

第二章

冠帽

一、从保护功能到精神崇拜
——冠、帽、胄的起源和区分

综观中国服装发展史就会发现，在整个服装文明发展的进程中，每一个时期都因其独特的政治、经济、文化等因素的影响，服装都会顺应当时的需求发生演变。

冠帽作为服装的主要配饰，它的出现和人类文明的发展息息相关。对于冠帽的起源和产生，现在学术界主要分为以下几种意见：一种说法是因实用目的而兴起，主要是为了驱寒、护身、防晒等功能；另一种说法是它因对自然崇拜而出现，我们的祖先在狩猎过程中对动物的爪牙犀角产生崇拜，从而促进了冠帽的形成；还有一种说法是对美的追求，认为对美的追求也是人类原始冲动之一，由此产生了冠帽；更有一种说法是因标识功能而起，认为冠帽的产生是对当时具有领导地位的人的一种标注。

虽然如今对冠帽产生的动机和具体原因一直众说

纷纭，没有形成统一口径，但非常确定的是冠与帽在产生的初期是没有具体类别划分的。两者随着社会等级制度的细化而逐渐分离，紧跟当时社会纺织技术的革新而发展演变。翻阅先秦至西汉的文献，就会发现，这一时期并未出现"帽"字，而"冒"作为"帽"的古字，多出现在文献当中。"帽"字最早出现在东汉文献当中。这从另一个侧面证明了帽与冠之间的关系和出现的先后顺序。尽管"帽"与"冠"都是以"头饰"的角色登上历史舞台，但它们的出场顺序使得其在往后的社会功能的演变中呈现出极大的不同。

在中华服装史中，最早可以被称作头饰的饰品取材都是自然材料。例如，在西安半坡遗址出土的人面鱼纹彩陶盆上就有类似帽子的图案。这种款式的帽子在《后汉书》中记载为："上古衣毛而冒（帽）皮。"说的是用动物皮缝合后戴在头上的一种头饰，主要用来御寒和抵御风沙。这种帽子的出现主要还是侧重于实用性。在内蒙古自治区通辽市南宝力皋吐古墓中出土了一些"骨冠"。这些"骨冠"出土时紧密地套在遗骸的头上，它们每一个由十五六片骨头组成，因为形状极像帽子，所以它们被考古人员定义为"骨角质冠饰"。这些距今4600年的"骨冠"，是中华服装史中迄今为止发现的最早的头饰了。对于这一时期冠的产生，有些学者认为是当时人类对大自然的敬畏所产生的崇拜感导致了"骨冠"的产生。

然而，随着时代的变迁，纺织技术的进步是冠帽产生变化的最根本原因。这也使得人类从最初对自然物打磨后作为头饰的阶段，走向了自我制定礼仪并实现其价值的阶段，更让"冠"与"帽"在社会活动中的角色地位日益明显。

要理清"冠"与"帽"的区别，首先要弄清楚它们的真正含义。在中国传统文化的语境中，最初将装饰头部的服饰统称为"首服""头衣"或者"元服"。当时的这些称呼和后世的"帽"有着极大的区别。"首服"所包含的种类繁多，最具代表性的品种就有冕、幞（fú）头、帻（zé）、巾、弁等。

冠是冕和弁的总称，是早先天子、诸侯祭祀时佩戴的头饰。祭祀是中国古代文化活动中极为重要的核心成分，将它看作"礼"的摇篮也毫不为过。天子在参加祭祀活动时，除了要身穿冕服，还要头戴为这一活动特制的冕冠。说冕冠是特制的，主要是因为它的组成有别于一般冠帽。冕冠由冕板、帽卷、玉藻十二旒（liú）、帽圈等几部分组成。冕板的特点是前面要比后面低出一寸，暗喻帝王对百姓的关怀。因为祭祀内容不同，冕服自然也不尽相同，与之对应的冕冠也

隋唐时期幞头

漆纱笼冠

西汉铜鼓纹羽冠

会相应地在旒数和玉的颗数上做出变化。此时祭祀礼仪程序的完善性已经借助冕服与冕冠体现了出来。

　　当然，除了绝对权力阶级的冠帽区分，普通中层阶级所佩头饰的发展对"冠"与"帽"的区分更是起到了有力的推动作用。早在春秋战国时期出现过一种名叫獬（xiè）豸冠的头饰，这种冠后来成为司隶和御史大夫佩戴的冠帽。因为獬豸是传说中的神羊，能别曲直，所以这种款式的出现也证明了冠帽的发展始终没有离弃精神崇拜的层面。也是在这一时期，赵武灵王的胡服骑射改革对冠帽的形成也产生了重大影响。在款式上，沿袭的是弁加箕的形式，并且配有貂皮暖额作为装饰。汉代这种用貂尾和金蝉作为装饰物的冠帽被称为"貂蝉冠"。其实冠帽在汉代之前的秦代经历过一次统一改革，并做出了系统的划分。当时存在的冠的种类极其繁多，有通天冠、进贤冠、远游冠等。出现这样的改革是因为当时冠的制作水平发展到了一定高度，可以最大限度地实现统治阶级对款式的要求（最直观的形象就是陕西西安秦始皇兵马俑的冠饰，可以看到种类繁多的结巾发饰和冠饰）。秦代对武将赏赐

冕　冠

的巾帕直接影响了汉代帻巾的形成与发展。这时候帻巾和冠搭配使用，让冠发展得更加精细化。

　　巾是在汉代的军队中完成了向冠帽的转换过程的。当时北方骑兵已经开始佩戴更加保暖、实用性强的帽子，这类帽子就是后来毡帽的雏形，这种款式和西汉留下的铜鼓纹饰中的人物头戴的羽冠极为相似。同时，汉高帝刘邦佩戴的用竹皮编制的刘氏冠被当作祭祀大典中专用的冠帽，被称为斋冠，并且在随后的发展中对颜色有了严格的要求，真正成为社会身份地位的主要标识。

　　冠类的发展在隋唐时期先后经历了两次简化的过程。尽管在隋朝初期进行了第一次简化，但还是保留了众多种类，例如冕冠、进贤冠、通天冠、远游冠、高山冠、武冠、法冠等。这种情况一直保持到了中唐时期，这时统治者提倡"纱幞既行，诸冠尽废"。在隋代，皮弁冠的最大贡献就是完善了冠类固定的方法。隋炀帝用十二颗珠子作

高山冠

为装饰，根据官员等级的不同装饰数量各异的珠子。当时规定，太子和一品官员使用九颗珠子，以下的官员每少一品，就减去一颗珠子，而六品的官员是没有珠子可以作为装饰的。除了珠子以外，官员们所戴的进贤冠则是根据梁数来区分官级大小的。例如三品以上使用三梁，五品以上使用二梁，五品以下官员使用一梁。

这种权力和冠之间的嫁接，始终贯穿着整个中国服装史的进程。只是在每个时期会根据当时文化、经济的特点进行细节上的变动。就像唐朝时期通天冠的金博山和冠体分离，成为单独的饰品。这里说的"金博山"是山形的金子饰品，会安装在帽子的前沿部分，这种装饰成为通天冠最大的特点。在当时，冠的饰品通常都会使用金蝉，因为在传统文化中，金蝉代表了幻化与智慧，这种装饰物的追求一直是中国服装发展史中象征意义的具象表达。

进贤冠原本是儒者朝见帝王时佩戴的礼帽，在汉代极为流行，形成了上到公侯、下至小吏都爱佩戴的社会风潮。西汉时期的进贤冠款式并不复杂，只是将冠帽罩套在头顶的发髻上，然后用帽颏（kuǐ）系于颌下，以此来达到固定的目的。进贤冠款式的流行和改变与两位政治人物息息相关。一位是汉元帝刘奭

（shì），另一位就是篡夺了西汉江山的王莽。根据史书记载，刘奭额头前面长有壮发，所以需要经常佩戴帻来遮挡。然而刘奭这一行为得到群臣的效仿，形成

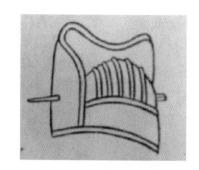

进贤冠

当时的时尚。而王莽的贡献则在于把软帻衬裱后，使其变得硬挺而富有质感，可以将顶部升高，形成介字形的帽"屋"，以此来遮挡王莽的秃顶。王莽的这一创意，成就了"介帻"的形成。

到了隋唐时期，进贤冠的款式逐渐有了根本上的变化。这时的进贤冠冠耳变大，外观由尖角变为圆弧，展筒缩小形成球形的样式，这样的演变使得冠体变小，介帻与展筒最终融合。这种融合使得冠梁逐渐消失。在陕西礼泉县邓仁泰古墓出土的彩俑所戴的进贤冠上，还是可以看到冠梁的存在。但从开元六年（718）李贞墓中出土的陶俑所戴冠帽判断，这时的进贤冠的冠梁已经被球形的冠顶完全取代。

当然，唐代对冠类发展的贡献远不止于此。除了对进贤冠的改变外，还出现了两种原创款式——进德

进德冠

冠和翼善冠。进德冠是唐朝政府赏赐给官员的冠帽，但一般只有朝中贵人、皇太子以及舞者一类身份的人才有资格佩戴进德冠。由此可以判断，进德冠在当时是身份极为显贵之人才有机会佩戴的。最有力的证据就是1971年在陕西礼泉县李勣（jì）墓出土的进德冠，当时李勣因赫赫战功才得此嘉奖，所以很多学者由此推断它的主要功能就是地位象征。这顶出土的进德冠外表华丽，在帽顶有三道鎏金的梁，并且以鎏金的铜叶作为帽子的骨架，在冠体本身两侧有三枚鎏金做的花形装饰，整体造型显得雍容华贵。

同时期的翼善冠，虽然创造者是创造贞观盛世的唐太宗，但并未在唐代形成风尚。数百年之后，反而在明代大放异彩。翼善冠因为其冠体两端向上折起的部分如同翅膀一般，才得此名称。翼善冠在不同时期在颜色、尺寸和外观上都稍有改变，到明代发展到了巅峰。明代的翼善冠在制作工艺上已经到了巧夺天工之境，种类更是出现了金丝蟠龙翼善冠、金丝翼善冠和乌纱翼善冠。

冠类的发展一直按照权力者的喜好与等级划分的规则进行着。例如明世宗（**嘉靖皇帝**）首创

翼善冠

的忠靖冠，就是让官员在家中佩戴，时刻训导百官进思尽忠。这种冠自然和其他冠一样，有着严格的等级区分制度，"冠"身份象征的特点也随着时代的发展越来越清晰。

虽然帽类的发展相对平缓，但其走向同样因为社会政治体系的改变而变化。在中华文化语境中，乌纱帽成为官方权力的特指代名词。乌纱帽最早出现在东晋时期，当时只有在宫中做事的人佩戴这种用黑纱制作的帽子，所以一开始它就被称为"乌纱帽"。后来到了南北朝宋明帝时期，这种帽子在民间极为流行，

成为当时全社会不分阶级的头饰宠儿。这种风潮一直到了隋代，当时的统治者为了将统治阶级与普通民众区分开来，就在官方的乌纱帽上加玉饰，以此来标示官位大小。当时的佩戴规则为：一品九块，二品八块，三品七块，四品六块，五品五块，六品以下不准装饰玉块。

明代皇帝朱元璋定都南京后，曾做出规定：凡文武百官上朝和办公时，一律要戴乌纱帽，穿圆领衫，束腰带；除此之外，取得功名而未授官职的状元、进士，也有资格佩戴乌纱帽。也就是从这一时期开始，乌纱帽成为官员权力的一种特殊标志。尽管在后来的清代，官员的冠帽被统一改为红缨帽，但至今人们仍习惯地将乌纱帽作为官员的标志。当然，乌纱帽成为一种官方代表性标识后，普通民众自然不能再佩戴了。

唐代的帽类里面有很浓厚的少数民族特质，例如胡帽尖细的圆顶、翻卷的帽边，以及动物皮毛质地的圆筒形帽子。当时较为流行的浑脱帽、绣帽、珠帽等西域少数民族的帽子被

乌纱帽

统称为"蕃帽"。这些
地域特点极为鲜明的少
数民族帽子在这一时期
也有相对应的延伸物出
现，就是幂篱和帷帽。
幂篱原本是西北胡羌少
数民族的特色装饰。因
为西北常年风沙肆虐，
所以会用幂篱遮挡面
部。当这种装饰习惯传

蕃 帽

到中原之后，正好和儒家"女子出门必掩蔽其面部"
的思想相吻合。幂篱就是在帽子的骨架上粘一层皂纱，
以此来遮挡面部。随着时代的发展，这层遮挡的皂纱
逐渐融入了时尚元素，长度也到达脖子的部位，成为
后世盖头的雏形。

　　宋代帽子的发展则与当时理学盛行的学术氛围相
关。在当时"存天理，灭人欲"的理学思想倡导下，
整个时代的审美也趋向于简单、典雅、朴素的风格。
宋代的帽子主要有京纱帽、翠纱帽、高檐帽、温公帽、
笔帽、伊川帽、方檐帽等。这些帽子因遮风避雨、保
暖驱寒等不同功能，具有不同制式，但其注重实用价
值这一点极为明确。

每个时代都出现过具有各时期特色的帽子，明代可以说是帽子发展的黄金阶段。帽子在这一时期突破了贵与贱的桎梏，出现了社会一体化的趋势。当时流行的种类繁多，例如唐帽、瓜皮帽、圆帽、中官帽、席帽、大帽、边鼓帽等。在款式上，这些帽子多以平顶为主，一直到了正德年间，才出现尖尖的样式。在这些帽子里，广为流传的瓜皮帽非常值得一说。这款帽子的生命力极其顽强，甚至延续到了20世纪抗战期间。瓜皮帽主要由六块罗帛缝合而成，并制有帽檐，有时候也会出现八块的款式。这种六八瓣的缝合款式会在视觉上给人一种半块瓜皮的错觉，这也是它名字的由来。顶部的装饰由于材料的滞后，只能使用香木或者水晶一类，但到了清朝，出现了各种华丽的装饰。

无论是"帽"还是"冠"，都是在日常生活或祭祀大典的环境中使用。还有一种头部的护具只强调了实用性，它的出现和发展紧紧伴随着人类的战争。这种护具就是胄，和铠甲配套使用。

胄的出现是将帽类保护功能推向极致的表现。胄的外形虽然和帽相似，但戴上之后，它完全地将头顶、面部、颈部包裹起来，以此起到防护作用。

胄在历史中的流变要从新石器时代说起。新石器时代的胄是用藤条或者兽皮制作，到了青铜时代之后，青铜制造的胄逐渐成为主要需求品。目前考古界发现的最早的青铜胄是在河南安阳出土的商周制品。这些铜胄正面铸有虎头兽面纹饰，额部中心线是扁圆的兽鼻，兽目和眉毛在鼻上向左右伸展，与双耳相接，圆鼻下是胄的前沿，在相当于兽嘴的地方，则露出战士的面孔，显得十分威严。当时的打磨工艺只能将胄的表面进行打磨，使其变得光滑，而内部则只能保留着铸造时的糙面，所以当时在佩戴胄时里面还会有一层柔软的纺织物作为内衬。胄的顶部还设计有一处向上竖起的铜管，这是用来插缨饰而专门预留的管子。

胄

胄发展到春秋战国时期，为了抵御此时出现的铁质兵器，铁成了制作材质。铁胄的外形很像当时的鍪，也就是用来做饭的锅，所以此时铁胄被称为兜鍪。河北易县燕下都古墓出土的铁兜鍪是截至目前发现最早的铁胄。这顶兜鍪样式简单，没有任何装饰，用铁甲片层层编压，自上而下共七层。戴在头上可以将整个头部裹护严实，仅露出面孔部分。

秦汉之后，铁兜鍪已经成为军队的标准装备，而且此时的兜鍪在后侧会垂有保护脖颈的特殊部件。而南北朝时期则是在兜鍪两侧增加了护耳。到了唐宋时期，兜鍪虽然被改称为"盔"，但它的结构和形制依然沿袭着南北朝时期的风格。也就是说南北朝时期的兜鍪将头盔的基本制式定型，而且一直沿用到了清朝末期。清朝末年火器的发展使得铁盔的防御力显得极其脆弱，所以促使铁盔的形制逐渐轻体化。同一时期，西方钢盔传入中国，它的防御能力使得其迅速成为步兵通用的防护器具。此时的钢盔和古代的兜鍪在形制上已经大不相同了。

胄虽然只是头部的护具，但在打仗时佩戴也非常讲究。古代戴胄并不摘冠，而是在冠弁上直接加胄。古代的将士虽然头上戴着胄，但还是要遵循相关的礼节，例如见到长者和尊者时必须把胄摘掉。这样的例子在《左传·成公十六年》中就有记载。书中记载晋国和楚国在鄢陵交战，可晋国的将军郤（xì）至遇到楚共王时都会摘下头盔，快步趋避到一边，以表示对楚共王的恭敬。楚共王因此

胄

非常欣赏这位晋国将军的风度，就派工尹襄赠给郤至一张弓。郤至在见到代表楚君的工尹襄时，也脱去头盔表示礼待和尊重对手。

二、削弱实用价值的特权符号
——冠帽制度的确立及演变

梳理中国冠帽的发展史就会发现，冠帽从最初的实用和装饰功能发展到后来成为维护权力阶级身份象征的主要标识，都表现出冠帽在服饰文化中具有极其独特的地位与含义。冠与帽的发展脉络，早已脱离了语言意义上的划分，除却御寒、遮雨等使用功能，冠帽的发展主要沿着一条礼仪、等级制度和社会心理学等精神层面的发展路线而变迁。例如《礼记·曲礼上》记载的："男子二十冠而字。"意思是说男子到了二十岁就要举行成人礼，并取字。这时，冠礼成为礼仪的开始，更标志着这个男子从家族中毫无责任的"孺子"正式成为一名成年人，并且要以这样的身份参与到相应的社会活动中去。这种标志性的改变最直观的视觉性符号传达就是冠帽的改变。

有学者认为是黄帝发明了冠帽，它从"巾"演变而来，更是由保护颈部的功能延伸到了保护头部。而随着社会剩余财富的积累，冠帽的防护功能也逐渐被等级标识和审美功能所替代。随着社会进步逐渐形成的冠礼，更是成为吉、凶、军、宾、嘉五礼中的嘉礼。

儒巾

到了奴隶制社会时期，冠帽的实用功能进一步弱化。在奴隶制社会只有统治阶级才能使用冠帽，普通百姓是没有资格佩戴的。这种头饰的佩戴规则主要依据权力的大小而制定，形

网巾

成了一套严格的官僚秩序，也就是古代的冠冕制度的雏形。这种情况在《释名》中有详细记载："二十成人，士冠，庶人巾。"意思是说只有士以上的人才可以佩戴严格意义上的冠帽，老百姓最多佩戴"巾"，也就是"帕头"或者"帻"。帻在颜色使用上也严格规定只许用黑、青两色，所以当时出现了"黔首"和"苍头"这样的词语。这种制度极为严格，甚至如春秋战

帕 头

国时期的大学者孔子、孟子等人，因为没有官职，也只能按照官方的规定来佩戴头饰。直到儒士专门的职业套装朱子深衣出现后，这些学士的头饰才有了和身份相对称的装扮区分。朱子深衣的幅巾后来成为儒家专业服饰中的头饰部分。在古代，农历每月的初一和十五儒生都要穿戴幅巾深衣祭祀孔子，这就是中国古代祭祀先师圣贤的传统仪式——释菜礼。

幅巾，作为儒家的专业头饰，在视觉感官追求上自然要以儒雅为主。幅巾的名称最早出现在《后汉书·郑玄传》中："玄不受朝服，而以幅巾见。"

幅巾的款式是用整幅帛巾绑在头部。多裁取一幅即长度和门幅各三尺的丝帛做成。从额往后包住头发，并将巾系紧，余幅就自然垂后，垂长一般可以到达肩膀的位置，当然，也有垂长至背的款式。如果材料是用葛布制成的，这种幅巾就被称为"葛巾"。

　　唐宋时期冠礼主要还是以汉代流传下来的程序为主。统治阶级根据地位的高低都有着与之对应的冠礼仪式。当时的天子、皇太子、亲王、朝廷官员等，都要按照严格的等级制度实行冠礼。虽然这个时期的冠礼制度依然森严，但在盛行的程度上，已经明显出现衰落的苗头了。在元、清两朝，因为政权的主导是少数民族，所以社会高层不再重视冠礼。这就使得冠礼只在民间得以保存。而在明代，汉人朱元璋建立的政权自然要大力恢复华夏礼仪制度，所以他下令制定冠礼。从皇帝、太子到官员、百姓都有了对应各自身份的礼仪制度，冠礼成为明代的宪法制度之一。

　　其实从西周确立冠礼制度以来，历经千百年岁月变迁，冠礼制度的改动并不是很明显。在程序的主体上，还是主要遵循《礼记·士冠礼》中记载的仪式。

　　冠礼的意义在于对冠者期望和教化，使得一个人的社会角色地位通过某一事件进入另一种角色和地位当中。也就是说，举行过冠礼的男子，在享受成年人权利的同时，也要开始承担成年男子应尽的义务。在历史的进程中，很多时候因为战乱、经济等因素的影响，冠礼受重视的程度也不尽相同。

　　从冠礼的确立到后来的兴衰变化，明朝是一个非常值得细说的时期。明朝正好是经历少数民族统治后汉人建立的政权，所以当时的统治阶级急于通过完善汉礼来巩固自身地位。而冠礼又是汉礼当中极为重要的组成部分。

　　明朝对冠礼的贡献在于更加细致地划分和完善了各个阶级相对应的冠礼仪式。最初的冠礼从氏族首领到一般民众在程序仪式上并没有太大的区分。随着时代的发展，权力的划分产生阶级后，王室贵族在举行冠礼时有意将自己与一般民众区分开来。

　　先秦诸侯时期的冠礼，受礼者无论是诸侯的太子，还是百姓的孩子，主体都是以自己为主。而冠礼发展到明朝时，除了皇帝穿元服（**冠礼时穿的礼服**）以自己为主外，皇太子、皇子、亲王都必须以天子为主。发展到此时的冠礼在主体对象上已经表现出了对权力的绝对服从。而皇帝本人冠礼的仪式也从简单的轨仪发展到一系列烦琐的制度。冠礼的主要程序也有所增加，变为筮（shì）日、奏告、制冠服、加数、就庙、陈设、执事、宾赞、用乐、礼醮（jiào）、祝词、见太后、会群臣等。

　　除却皇帝本人冠礼程序的发展，皇子和亲王冠礼的改变则带有更为浓厚的权力管理意味。皇子和亲王分别作为皇权与地方政权的接班人，他们冠礼程序的改变大多和当时在位皇帝的喜好有着极大的关系。这种带有极强个人喜好色彩的改变，其实表现的是君主集权制的君王特权。明朝实行的是分封同姓藩王制度。在这种制度下，除太子以外的皇子到了一定的年龄，都会被封为藩王。而藩王将来的长子，则被称为世子，有着承袭藩王封号的特权。皇权对亲王及其长子冠礼的掌控，很大程度上就是对其政治生涯起始时间的掌控。冠礼文化逐渐成为政治游戏中隐晦的服饰密码。

　　当然，服饰文化的任何部分都有男女款式的区分。就冠帽而言，中国古代服饰文化中没有女性专门的冠帽出现，反倒形成了一套发型样式的独特规则。古代女性到了十五岁以后，发型就会出现一定的改变。她们会在举行过笄（jī）礼后，结发加笄。至于头饰方面则用"巾帼"将头发固定或束于脑后。当然，在权力的规则下凡事都有例外，古代能佩戴冠帽的女人只有一种，那就是和权力有关的女人。例如皇后、贵妃、公主和一些有官职的侍女等。皇后与公主等人的头饰被称为"凤冠"或"花冠"。而侍女佩戴的则是和她们地位相对应的冠帽，以示权力的等级。女帽的发展在唐代出现过一次高潮。唐代社会的贵族妇女曾流行一种由胡人头饰改装过来的冠帽，称为"帷帽"。这

凤 冠

是一种四周用幔纱围绕，类似阿拉伯妇女黑纱的饰品，主要功能是防沙和遮挡面部，防止陌生男子看到女性的五官。而中国女性佩戴帽子的社会风气的形成是在晚清时期，这时中国传统文化观念受到西方文化的冲击，很多女性开始向西方学习，佩戴凉帽等审美价值较高的帽子。

三、头饰文化的外交意义
——汉族冠帽文化的对外影响

　　头饰文化作为服饰文化中极为重要的组成部分，势必随着经济、文化、政治的交流出现多民族相互影响的发展特质，成为民族大融合最有力的视觉符号之一。

　　在中国少数民族服装史中，北方各民族最著名的头饰是公元前3世纪的匈奴王金冠。这个头饰代表着权力和地位，具有冠帽最基本的标识功能特征。而匈奴王金冠雄鹰的造型则是他们对鹰的崇拜以及弱肉强食草原规则的具体物化。这种注重精神性外化的功能成为冠帽除审美功能外流传时间最久远、范围最广泛的独特基因。不光是匈奴王的金冠，这种基因的密码从传说时代就已经成型。从黄帝兵将以及蚩尤外形的传说开始，经过商族以鸟类羽毛为头饰的具体物件发展，到汉代将军的鸟冠，一直到今天农村地区孩童所戴的虎头帽，其背后的文化密码都与之一脉相承。

匈奴王金冠

　　当然，在冠帽精神崇拜这一层面的发展中，除却对现实动物及具体物件的膜拜，追求传说中的神物，是这种特质最具民族记忆的地方。如同汉族对传说中龙的膜拜一样，当时代的发展达到一定阶段时，少数民族在各自的文化层面自然会衍生出很多特有的民族图腾。这些图腾所指的往往就是其各自传说中的神灵及事物。例如在匈奴之后称霸草原的鲜卑族，最为崇拜的是一种外形像马、声音像牛、类似飞马的神兽。因为在鲜卑族的民族起源传说中，这种神兽曾在鲜卑族从大兴安岭深处向乌兰察布大草原迁徙时为他们指引道路，使他们避免了因迷路而身陷沼泽。所以这种神兽自然成为鲜卑族最为崇拜之物，被大量运用在冠饰上面。

在鲜卑族的头饰当中，有一种步摇冠饰最为著名。根据《晋书》及《十六国春秋》的记载，慕容部之名，是由"步摇"二字讹传而来。这从另一个层面说明这种步摇冠饰在鲜卑族内极为流行，甚至一度成为他们的民族特质。而在考古挖掘中也发现了大量的步摇冠饰，在辽宁北票房身、姚金沟、西团山、朝阳王坟山和袁台子等七座鲜卑族墓中均出土了不少金质步摇。其中在北票房身村出土的一大一小两个金质步摇最具代表性。这两个步摇底座均是透雕的金博山，大步摇从基座上伸展出16根枝条，小的则只有12根。在这些枝条上，又系着一些金叶。因为年代久远，这些金叶子已经掉落不全。目前大的步摇保留下来的金

步摇冠饰

叶有 30 余片，小的有 27 片。这种设计，会让金叶子随着佩戴者的走路而晃动不止。

其实头饰步摇最早出现在西方，在公元前后款式才得以确定。后经欧亚大陆传入中国，再由此传入日本。传入中国本土的步摇在使用层面自然会发生一些本土化的变异。在西方国家以及中国汉族地区，步摇以及步摇冠一直是女性的首饰。但在魏晋、北朝时期少数民族统治的地区，国王以及男性贵族也有佩戴步摇的传统。这种独特的佩戴习惯在日本及朝鲜也普遍存在。

公元 494 年，北魏孝文帝推行了汉服推广运动，"群臣皆服汉魏衣冠"。这次由统治阶级兴起的对汉族服饰文化以及传统理念的大力扶持，使得少数民族服饰习惯在一定程度上受到了汉族服饰文化的影响。南北服饰互相融合，出现了极具当时特色的冠帽款式。例如当时特有的白高帽与突骑帽，都是融合了少数民族特质的冠帽。

衣冠服饰本身就是思想意识的形象外化，在汉族影响少数民族的同时，汉族的服饰文化也被少数民族所影响。此时汉族也开始接受窄袖短衣、长靴腰带的打扮。这也说明汉族与北方少数民族文化意识逐渐包容。

东晋的顾恺之在《女史箴图》中专门描绘了步摇头饰的形象。画中一名贵妇席地而坐，一个侍女站着为其梳理头发。侍女头发梳起高髻，上面就插着步摇头饰。

在制作工艺上，鲜卑族善于使用黄金作为制作材料。在整个民族大交融的过程中，鲜卑族的制作工艺从单模灌注逐渐发展到多模相包术，然后在此基础上再加镶嵌术，让饰品显得更加精致。

魏晋南北朝时期，金银细工在上层社会颇受欢迎，成为达官贵人显示身份的最佳标识。在这一时期，焊接技术已经普遍，掐丝镶嵌、焊接金珠的手法逐渐流行起来。但这本是政府对相关人员进行赏赐的标识，却因为制作工艺广为流传，使得在北魏时期出现了大量关于严禁豪门私养工匠和打造金银的文献记载。

少数民族文化在政治时局的影响下逐渐和中原文化相融合，并且在文化演变的过程中起到了非常重要的推动作用。在中国服装发展史上，这样的融合使得少数民族精神崇拜图腾文化与中原汉族服饰文化进行了深层次的结合。这种结合让冠帽饰品呈现出了多元化的发展趋势，让中国服饰发展的方向有了更多的可能性。

四、头顶之上的文明轨迹
——冠帽的材质变革与文明特征

综观整个冠帽发展史，就会清晰地发现，其发展演变的过程紧随社会生产力进步的轨迹。冠帽和服饰文化中其他部分一样，都离不开材质以及政治环境、文化环境的束缚。

冠饰如同头顶之上的图腾一般，记录着人类文明演变的整个过程。上古社会，因制作材料的限制，冠饰以自然材料为主。这也就确定了冠饰在最初就为后世的阶级礼仪划分铺垫了象征意义的基础，它的发展内涵将始终围绕神灵佑助、阶级地位、文化潮流与实用价值这四点展开。例如《后汉书》记载："后世圣人，易之以丝麻，观翠（huī）翟（dí）之文，荣华之色，乃染帛以效之，始作五采成以为服。见鸟兽有冠角鬐胡之制，遂作冠冕缨蕤（ruí）以为首饰。"说明圣人的出现促进了冠帽材质及审美特质的发展和延伸。在他们的带领下，制作服装和冠帽的材质从动物的皮毛开始向丝、麻过渡。并且在颜色的处理上开始模仿鸟兽的皮毛的鲜艳色彩，把丝、麻染成五颜六色后再制作成服装。同样的，冠帽的产生也是根据动物的胡须以及头上的犄角模仿而成。我们也可以从这种模仿中看到人类对自然改造意识的觉醒。

从自然材料到人工种植物的出现，冠帽的款式也趋于丰富。而丝织物的出现成为冠帽发展时间节点中最为重要的一环。早在河姆渡文化遗址中就发现了蚕纹刻图，这说明我们的祖先很早就掌握了蚕丝技术。

我们的祖先很早掌握了纺织以及染色工艺。到了周朝，因为社会生产力的进步，服饰的制造已经脱离了制作材料取于自然的原始状态。在玉石类装饰以及颜色使用上面，政治色彩也逐渐浓厚起来。丝、麻、绸的出现，让头饰的发展有了男女款式的区别。女性用的头饰被称为巾帼，男性用的被称作帕头。在秦汉之前，社会地位低下的人群不能戴冠只能束巾，束巾的人不被社会高层接纳。

回顾冠帽材质的变革，会看到在早期的狩猎经济时期，冠饰的材料以动物的皮毛和骨骼为主，此时冠饰的主要功能则是对权力和地位的标注。一直到纺织物出现，冠帽文化才得以成形。宋末元初时，棉花传入中原，在明代被广泛种植，棉布遂成为冠帽的主要面料。

幞头是出现较早的冠帽。到了唐代，出现了专门制作幞头的材料——幞头罗和幞头纱。这种材料实际上就是黑色、薄质的罗与纱。在唐代才出现花冠，也是因为这一时期罗和绢的兴起，才有条件根据四季制作仿真花朵的头饰。在加大对外交流的同时，外域的皮革、毛织物、琉璃等产品流入中国，为中国冠帽文化的发展带来了全新的原材料。在这里要强调的是，用动物皮毛制作的冠帽并未随着人工材料的丰富而退出历史舞台。这种以动物皮毛作为冠帽材料的习惯一直延续至今，它的存在有着极强的不可替代性。这种不可替代性的核心思想，随着时代的变化已经产生了非常明显的变异。从白鹿皮缝制的帽子，到清朝熏貂质地的朝冠，再到今天人们追求的真皮帽子……制作材料

幞头

并未发生质的改变，但穿戴的目的和意义早已面目全非。

　　随着时代的变迁，人们审美意识的改变促使帽子的制作工艺与材料质地进行革新。面料的分工也趋于细致化。在分类层面，就出现了面料、里料、辅料、胆料。

　　玉石、金属材料的出现，在冠帽发展史中起着不可忽视的作用。例如：古代象征地位的冠冕用料都以稀有材料为主；在清代，朝冠则以青金石、珊瑚、珍珠等材质区分官阶等级。

清朝朝冠（凉帽）

然而，材质对于冠帽文明的影响虽然不言而喻，但深究的话，材质的变化自然要依赖于生产方式的变革。所以每一个时期生产方式的不同很大程度上也左右着冠帽文明前进的步伐。

古代的纺织业发展主要分为三类，分别是官方操控的手工业、民间自营为主的手工业与以家庭为单位发展的手工业。其中，最具中国特色的就是传统"男耕女织"的家庭手工制造业。这种方式可以说是最初推动中国制造业发展的主要动力。当时人们按照各自的需求制造衣帽头饰，然而随着社会需求的增大，这种制造方式自然而然地升级成为一种产业，而从事这种产业的则多为女性。这种集中劳动制的生产方式，

清朝朝冠（暖帽）

虽然弊端较多，但确实适应了时代发展的步伐，解决了大多数人的穿戴需求。

民间自营为主的手工业兴起较晚，一直到了明清时期才得以兴盛。而官方控制的手工业一直成为推动服饰发展的最核心动力。这种手工制造方式以规模巨大为特点，是集中多数人为少数人服务，从而实现政权阶级划分与控制的一种政治手段。这种模式从商周时期就设有专门的官方机构，职责在于管理服饰生产的一切事宜。这类机构分工明确，纺织、刺绣、制作、管理等各个层面都设有专人负责。例如汉代，专门负责皇帝服饰的少府，又被细分为东织室、西织室、尚方三处。这些机构的人数极为庞大，在汉代鼎盛时期，每一处机构都超过了千人的规模。

统治者这种对服饰制造高压的管制始终贯穿着整个君主集权制的历史。哪怕是在政治环境相对宽松的唐代，针对权力阶级的服饰制造也设有繁杂的机构，进行专职生产。这里强调其进行的是专职生产是因为他们为权力阶级制造服饰时所使用的织法和纹样是绝对不能流入民间的，他们要保证权力阶级所佩戴的任何花纹制式都保持在专属范围内（*中国历史上有名的美女杨贵妃专职的织工和绣工就多达700人*）。这就使得如今流传下来的冠帽都是上层社会达官贵人的佩戴之物。从这个层面解读冠帽制作工艺的发展，就可以看出，官方制作工艺的方向反映着一个时期社会主流审美及意识形态的现状。

当然，权力阶级对官方制造业的支持也推动着织工技术的发展和兴盛。等级森严的制作条款，反而让冠帽的颜色、面料、纹样和工艺更为细致地发展和传承了下来，为其技术的革新提供了更多的可能性，并始终保持着冠帽的等级属性。所以说这种等级制度对于冠帽的发展而言，是一把难以驾驭的双刃剑。它一方面形成的是中国特有的冠帽文化，一方面又限制了其多元化的发展。

冠帽制作工艺的大解放起点来自辛亥革命之后不久。辛亥革命推翻了中国延续千年的等级制度，让冠帽的发展不再依附于权力的分配，而是紧随科学技术与审美意识的发展进行适应时代的改变。这种社会风气则很自然地推动着民营手工制造业的形成。

在制作工艺不断革新的同时，冠帽制作工具也非常值得研究。因为无论是最初的面料还是如今高科技生产力下的材料，都要借助于工具才能制作成功。其中最主要的工具则是尺子。这种丈量长宽的实用类工具一开始质地繁杂。整理资料就会发现，每一时期都有着极具当时环境特点质地的尺子出土。例如相对原始的牙尺、战国时期的铜尺、三国的骨尺、唐代的紫檀木尺和象牙尺，而民间一直使用的木尺则延续了千年，至今还能在生活中找到它的踪影。除了尺子，剪刀也是制作冠帽以及服饰时必不可少的工具。剪刀在古时被称为"绞刀"。在《孔雀东南飞》中有"左手持刀尺，右手执绫罗"的描写，说的就是裁剪衣服时使用工具的场景。中国最早关于剪刀的文献记录是在《吕氏春秋》当中，但其记载并不明确。而距今2000年的汉代铁剪刀则已经出土。另外，铁针早在战国时期就已经被发明，在《荀子·赋篇》中有相关记载。金属针的出现让刺绣类更加精致的纺织工艺得以实现。在衣物的保养以及护理层面，古代出现了火斗，也就是现在的熨斗。火斗为铜质，使用的时候在斗内生火即可。

　　清朝冠帽最具特色的莫过于孔雀翎。孔雀翎又叫花翎，这种帽子是用礼帽作为根基，在上面插一根珐琅或者玉石材质做的翎管，花翎就是插在这根翎管里，垂于脑后的。在花翎的末端，有着绚丽的类似眼睛的装饰，这就是"眼"。而花翎的贵贱就在这眼上区分，有单眼、双眼、三眼几种，以翎眼多者为贵。比花翎等级低的是蓝翎，用鹖（hé）羽制成，蓝色，羽长而无眼。翎管的材质也是衡量尊贵价值的标尺。清朝初

期，花翎只是尊贵的象征，到了顺治年间，统治阶级
针对花翎制定了严格的制度加以规范。这就使得佩戴
花翎的人要符合相对应的官级标准，而且都是有一定
功勋并承蒙特大恩典的人才有资格佩戴。然而清中叶
以后，花翎逐渐贬值。清初极为难得的翎枝，也开始
明码标价出售。中国君主专制制度走向衰落，曾经严
苛的服饰等级文化也随着孔雀翎的凋落而退出历史舞
台。中国服装发展史进入了一个更加自由多元的时空。

　　到了民国时期，中国服饰制度迎来了变革最大的
阶段。辛亥革命以前，每次朝代的更替，都会在服装
制度、制作工艺、制作材料等方面出现明显提高。在
受众层面，审美意识也会受到时代的冲击而产生明显
的改变。而这些随时代应运而生的新式冠帽虽然冲击
着传统冠帽制度，但在发展的过程中，冠帽从未脱离
过其核心价值。在冠帽承袭、发展、变化的过程中更

孔雀翎

多的是在加强、完善统治者的等级意识和制度。对冠帽严格的制度规范，其实就是在君主集权制背景下，统治者尽力淡化和抑制人们的反抗意识。随着封建王朝的结束，服装等级制度被废除，解放的是人们自由的思想和追求。

在这个时期，冠帽最有时代特色的变化就是西服礼帽的出现。这种有帽檐的礼帽在高度上可以任意变化，材质也可以根据气候的不同选择不同薄厚的面料。这种被称为高帽的礼帽，在当时知识分子和绅士中间极为流行，并且在 1912 年被民国政府规定为新礼服的标准礼帽。

随着新技术以及新材料的进步，在普通大众中也逐渐流行起一大批以工艺技术或面料成分作为名字的帽子。例如红缨帽、狮头帽、草帽、凉帽、鸭舌帽、毡帽、毛线帽等。

在冠帽发展过程中从物质层面向精神层面的逐渐演变极具服饰文化的代表特质。总结冠帽的发展，会发现其实它始终遵循着人类物质文明与精神文明的双重轨道机制。在物质文明层面上，冠帽的生产方式紧随社会生产力的脚步，而在精神文明层面上，它的演变则囊括了政治审美、民俗传承、社会思维、价值观念等多重价值取向。也正是物质文明与精神文明的共

鸭舌帽

同发展，演变出了非常独特的礼仪风俗与社会趋势。
这种风俗和趋势在严肃意义上实则是对某一时期文明
特质的集中表现。

而衣冠的发展往往还寄托着知识分子的某种情怀
和志向，这种崇尚礼仪的志向很多时候需要借助衣冠
才能得以表达。服饰中的冠帽彰显着人物的身份和社
会属性，即使是在同一个群体里，人们也会因为某种
价值共同点而穿戴同样的服饰和冠帽。这就是冠帽在
属性世界里的标识意义。

冠帽的标识意义自古就与礼的发展形影不离。能
对冠帽产生影响的精神层面因素主要分为统治者因世
而变的决心和普通大众已经认可的制度划分习惯。虽

然中国古代皇权至上，但从未有一个皇帝敢在冠帽文化层面一意孤行，去改变那些已经沿袭了千年的冠帽礼仪制度。虽然在历史的进程中，有的统治者出于时代的必然性，会推行冠帽以及服饰改革，但这种推行背后的核心需求则是被需要，也就是说这样的改革是顺势而生。这种改革最著名的就是战国时期赵武灵王为了提高军队作战能力而参照胡服进行的改革。

自商周确立服装制度，以此划分穿戴者的身份地位以来，这种特定的审美价值随着日常生活的需求逐渐有所调整。就像明朝初期，在严格的社会制度下，冠帽穿戴规则也紧随政治氛围，以单调、古板的风格为主。但是到了明朝中后期，资本主义萌芽的出现，打破了铁桶般的社会氛围，严谨的礼制受到了强烈的冲击，冠帽的款式也呈现出多元化的趋势。

其实冠帽制度的变化早已形成了一种潜在的默契，一个新政权的确立必然会在原有冠帽制度上推陈出新，而冠帽制度的发展，就是被这股力量推行向前。

第三章

腰带

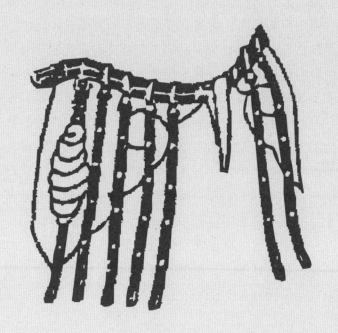

一、工具性的起源
——腰带的出现

历史漫漫路，腰带的发展必然蕴含浓烈的时代性，仔细品味服饰文明中的腰带文化，就会欣喜地发现诸多围绕着它而形成的物质文化、精神文化和制度文化。在中国服装史中，腰带有着诸多不同的形式和名称，并且在不同时期有着不同的表现意义。在礼制社会的中国古代，腰带的首要作用依然是区分等级的核心标志，并且成为传达情感、表达礼仪的重要符号。

腰带的起源，和服饰文明息息相关。汉民族服饰的最大特点就是不用衣扣。因为没有衣扣束缚衣襟，所以必然会显得左右开怀，袒胸露乳。为了避免这种情况的发生，才会用一根宽腰带将衣服束缚住。然而衣襟的束缚自然不能只依赖于一根宽腰带的作用，所以，聪明的古人会在衣襟处缝几根小带，然后再左右系住，配合宽带达到束缚衣襟的作用。这种缝在衣襟处的小带被称为"衿"。

古人的冠服腰带是封建社会礼仪制度的重要载体，也是宝贵的历史文化遗存。腰带的名目自然繁多，但要是按照种类总体划分的话，可以分为两大类：一类是丝帛质地的"大带"，也被称为"丝绦"；另一类为皮革质地的"蹀（dié）躞（xiè）带"。

《诗经》中"淑人君子，其带伊丝"的描写，说的就是"大带"。大带的穿戴方式为往后绕向前系，然后在腰前打结，而系好后多余的部分则让它自然下垂。这下垂的部分被称为"绅"。古代把当官的人称为"缙绅"，这里的"缙"同"搢"，是"插"的意思。"缙绅"直译过来就是说大臣们把上朝时候用的手板（用竹、玉或者象牙制成，上面可写字记事）插在腰带里。

而革带的使用方法则是在其顶端的交接处安

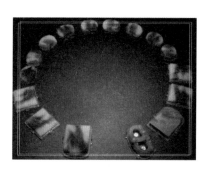

蹀躞带

复原之后的蹀躞带

装一个固定的装置，在使用时搭配即可，不像丝质的腰带那样相互系结。这种安装在带首的固定装置分为两种制式：一种是外形如同钩一般的款式，叫作"带钩"；另一种形状如环一般的，叫作"带鐍（jué）"。

带钩的出现最早可以追溯到西周晚期与春秋早期之间。中国古代文献曾经记录过这样一个故事：春秋时齐国管仲追杀齐桓公，在追赶过程中，管仲拉弓射箭，不想箭正好射在齐桓公的带钩上，让他躲过一劫。这个故事从侧面证明带钩早在春秋时期就已经出现。

魏晋时期，带钩被带鐍所取代。带鐍是环形或方形的带扣，在使用时附有带针。在固定带鐍时将带针

黄金嵌玉带钩

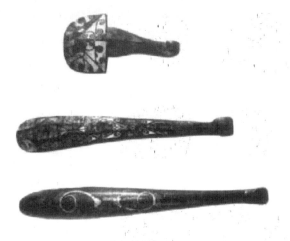

金银错带钩

插入带扣，便可起到固定的作用。因为这种制式要比丝质大带系结更为实用，所以很快就受到广泛的欢迎。三国以后，带镳的使用大量增加，很快就取代了带钩的地位。

在考古活动中发现，几乎在中原地区使用丝质大带和带钩的同时，北方居住的匈奴、鲜卑等古代少数民族在革带上使用了一种和带钩功能类似的金属装置，这就是带镳。考古发现，在相当于春秋晚期的墓葬中出土了匈奴使用的带镳，在内蒙古杭锦旗桃红巴拉和毛庆沟匈奴墓中也出土过圆形带镳。

在腰带文化史中，最早使用带镳的革带被称为"钩

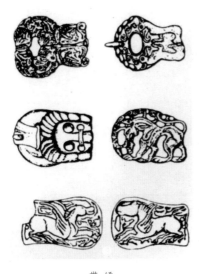

带镝

落带"。在钩落带的制式上，除了金属的搭扣，有的佩戴者还会在上面缀一种牌饰。这种牌饰也是金属质地，工艺则为镂空制式，图案前期大多为动物和斗兽纹，后期逐渐出现了家畜、禽鸟和人物，有的十分形象生动，艺术价值很高。考古时出土的这种牌饰多出现在腰部，数量从几块到几十块不等。根据学者研究，这些牌饰都是钉缀在革带上的一种装饰物，只具有审美价值，没有实用价值。

魏晋时期，这种带有牌饰的革带被称为"金缕带"，男女都可以佩戴使用。到了唐宋时期，很多典籍中出现的"玉带"和"金带"其实都是革带，只不过是在牌饰的材质上有所区分，所以名称也出现了区别。以此作为依据，便可知道，牌饰为黄金质地的被称为"金带"，为玉石质地的则被称为"玉带"，而那些"银带""犀带""角带"等名目的区别也是如此。

　　这一类腰带主要由带鞓（tīng）、带銙（kuǎ）、带头以及带尾几部分组成。鞓其实就是皮带，它是腰带的基础（**因为任何腰带上缀加的饰品都要固定在鞓上**）。鞓最早都是暴露在外，表现出的审美触觉都是以本身材质的质感为主。而到了唐代，鞓的外表大多用彩色的布帛包裹，以此呈现出不同的色彩，出现了红鞓、黄鞓、黑鞓的区分。唐初及唐中期，较为流行黑鞓，到了唐末，红鞓又成为主流。宋代规定，庶官的常服多用黑鞓，四品以上的官员则要使用红鞓。而到了明清时期，因为黄色是帝王之色，所以朝服大多使用黄鞓。

　　带鞓的形制一般分为前后两部分。前面一部分款式较简单，只是在一端安装上带尾，然后在带身上钻几个小孔。后面一部分装饰有带銙，并且在两端各安装一个带头，在使用时两侧扣合即可。

　　带头常规会成对使用，左右各有一枚。带头为金属质地，制作工艺没有统一规格，繁简不一，样式也灵活多变。有的是扣式，上面缀有扣针，有的则为卡式，有的还会在上面雕刻上一些精美的图案，以此来表达对美的追求。

　　带尾则是一种钉在鞓头用来保护皮革的装置，随着社会的变革逐渐成为一种装饰。制作带尾时，所用的材料和装饰，要参照带銙而做针对性的设计。无论什么造型的腰带，通常都只用一块带尾，造型要比带銙略长，一端显得方正，另一端则呈弧形。按照佩戴的要求，腰带穿戴好之后，带尾必须朝下，以此来表达自己对朝廷顺服的姿态。

带銙属于从蹀躞带的牌饰演变而成的一种饰品。造型多样，有方形、圆形、椭圆形及鸡心形等。带銙发展到唐代，延伸出一整套根据其材质、数量、形状、纹饰等辨别等级的制度。

金缕带也随着时代的变化有着属于自身的深入发展，那就是蹀躞带的出现。蹀躞带和金缕带的主要区别在于牌饰的区分。金缕带的牌饰只具有审美功能，而蹀躞带的牌饰则在一定程度上恢复了腰带的实用功能。因为在这种牌饰的末端都会镶嵌一个铰链，而铰链的另一端则会安装一个金属质地的小环。这个小环的作用就在于可以携带刀、剑、磨刀石等物品。这种佩戴方式其实属于北方少数民族的文化特质，可其实用性与紧扣时代需求等特点，让其在两晋南北朝时期传入中原后立刻被汉族所接纳。当时对这种饰品推行起到决定性作用的人群则是武士阶级。蹀躞带的鼎盛时期出现在唐代。唐代政府曾针对蹀躞带专门形成了一

蹀躞带饰四种

套完善的制度，要求无论文官还是武将，全部要佩戴蹀躞带。唐代政府曾针对佩戴何种物件也出台了相关规定。根据《旧唐书》的记载，武官五品以上要佩戴蹀躞七事。蹀躞七事指的是佩刀、刀子、砺石、契苾（bì）真（雕刻时所使用的楔子）、哕（yuě）厥（用来解绳结的锥子）、针筒以及火石袋。这种佩戴制度一直延续到宋辽时期才逐渐陷入落寞。

如果说蹀躞带是金缕带少数民族文化回归的一场

盛宴，那么笏头带就是汉族文化自身发展的基因传承。先说"笏"字的含义，其本身指的是古代大臣们上朝时拿在手里的手板，用于记录向君王上奏的话和君王下达的旨意。这种带有浓烈汉族政治文化氛围的名称本身就影射出了广泛使用笏头带的族群。在款式方面，笏头带与蹀躞带最大的区别在于牌饰下挂件的区分。笏头带牌饰下并无环扣，只是将其带尾设计成了"笏头"的形状，这也是其被称为笏头带的主要原因。

带镑除了上面说到大量使用在革质腰带上外，也有在丝带上使用的记录。这种丝带在质地和款式上与丝绦有着极大的区别。它虽然也是用丝织物织成，但其款式较为宽阔，在历史资料中常被称为"绲（gǔn）带"或者"织成带"。绲带系束的方式则是依靠其端头安装的金属带镑作为固定，这种固定方法明显提高了丝织物腰带的实用性、舒适性与观赏性。

二、完善到细节的礼制
——腰带材质的隐形含义

腰带的实用价值体现在对衣物的束缚层面上，进而发展到对精神与礼仪的捆绑约束。这种穿越物质和精神界限的束缚，成为腰带最独特的作用。无论是身穿官服还是便装，都会系上一根腰带。尤其是在礼见时，腰带的作用显得更为重要，在古时不系腰带会见客人，会被视为无礼。欧阳修的《归田录》中就有关于君臣见面时系腰带重要性的描写。《归田录》记载，宋太宗晚上紧急召见陶谷商议大事。陶谷到了以后，就站在门口，不肯进去。这时候宋太宗才意识到是自己没有系腰带的原因，于是赶紧让人取来袍带，匆忙系上。陶谷看见宋太宗系上腰带后，这才进入，行君臣之礼。

腰带和礼之间的关系在古代非常紧密。《南齐书·刘琎传》记载，一天夜里刘琎已经睡下，住在隔壁房间的哥哥想找他闲谈，于是就叫了他一声。刘琎

嵌宝螭（chī）龙纹带钩

半天没有回应哥哥。哥哥以为他睡着了，谁知道过了好一会儿，刘琎突然回答。哥哥感觉奇怪，就问刘琎为什么这么久才回答，刘琎解释说自己听见哥哥的呼唤就起身穿衣束带，因为当时自己腰带没有束好，人也没有站直，所以不敢非礼回答。

金银错铲形带钩

因为材质、织绣纹样不同等因素的影响，丝帛质地腰带的名称很多。这种根据材质给腰带命名的方法非常普遍，所以出现了素带、练带、锦带等名称。

而根据织绣纹样不同而命名的腰带，比较出名的有鸳鸯绣带、凤带、莲花绣带、葡萄绣带等。鸳鸯绣带就是因为它上面绣有鸳鸯图案而得名。凤带的名称是因为上面绣有凤凰花饰而得。诸如此类名称的衣带，数不胜数。

而另外一种皮革材质的腰带正如上一节所介绍的那样，主要由带鞓、带銙、带头以及带尾几部分组成。其中带銙的材质、数量与等级制度有着非常紧密的关联，这点在《新唐书·车服志》中有详细记载：一品、二品官员使用金銙；三品至六品官员使用犀角銙；七品至九品用银銙。之后又调整了一次规定：一品至三品用金玉带銙，共十三枚；四品用金带銙，十一枚；五品用金带銙，十枚；六品至七品用银带銙，九枚；八品至九品使用鍮（tōu）石銙，八枚；流外的官员以及庶民只能使用铜铁銙，并且数量不能超过七枚。

到了宋代，带銙形制进入了烦琐的阶段。使用材料就有黄金、玉石、白银、犀角、铜、铁、墨玉、石料等多种。带銙上的纹饰也变得更加丰富，有仙花、荔枝、宝相花等二十多种，使用的时候同样要严格按照身份等级对应。

发展到元代，带銙的制式反方向发展，进入了一个比宋代更简洁的时期。《元史·舆服志》记载：正从一品以玉，或花，或素。二品以花犀。三品、四品以黄金为荔枝。五品以下以乌犀。并八胯（銙），鞓用朱革。

发展到明代的时候，带銙在元代的基础上又进行了一定的改革。如洪武三年（1370）规定：一品用玉，二品用花犀，三品用金钑（sà）花，四品用素金，五品用银钑花，六品、七品用素银，八品、九品用乌角。

清代，一品官员带銙用金衔方玉四块，各饰红宝石一；二品镂金圆版四块，也饰红宝石；三品镂金圆版四块，不用红宝石；四品银衔镂金圆版四块；五品银衔素金圆版四块；六品银衔玳瑁圆版四块；七品银衔银圆版四块；八品银衔明羊角圆版四块；九品银衔乌角圆版四块。

腰带不断完善的审美需求，从另一个层面推动了其制作工艺和相应饰品发展的步伐。在工艺进步层面要完美配合相对应的饰品才能达到款式、材质、刻纹以及政治审美等因素的高度统一。例如带钩的制作工艺与审美要求。带钩的造型较为多元，有棒形、兽形、人形、龙形、琴形、琵琶形、匙形等，种类繁多，数不胜数。除却这些外在造型对工艺有着较高的要求，上面的装饰纹路更是彰显着一个民族的审美意识和精神追求。最具代表性的纹理有蟠螭纹、鸟纹、龙纹、虎纹、卷云纹、几何纹、连勾雷纹、涡纹等。

　　西汉狮子山楚王墓出土的金带钩足以证明当时带钩制作工艺的先进以及人们审美意识的高度。这枚金带钩整体造型为鱼龙形，身体弯曲，盘踞在圆纽之上。口内吐出长舌，向后弯曲成钩。在鱼体中镶嵌有一颗绿松石，显得异常精美。

　　古代妇女的腰带装饰主要是挑花刺绣，并且配有带扣、环、流苏等腰间装饰。女款腰带迎来的第一次大发展是在南北朝时期，这时候的女性喜欢系材质柔软、长度较长的腰带。她们会把腰带绕腰间一两圈后再打结，并且打结的方式极其漂亮，再加上飘逸的带尾，足以将女性打扮得妩媚动人。

　　女款腰带在盛世唐代，其实并未出现多大的改变。此时的腰带还是以束带为主，结法为绕花结，带尾柔软绵长，显得雍容华贵。

　　到了明朝，女款的腰带上少了很多长穗和玉佩类的装饰，却会佩戴上一种由丝带编成的宫绦。丝质的宫绦在使用时会随风飘逸或者散开，影响美观。所以佩戴宫绦的时候，会在中间打几个环结，然后让其自然下垂，有的女性为了保持其垂直的美感，还会在上面佩戴一块玉佩，起到压裙幅的作用。

　　女款腰带发展到清代时，变得含蓄起来。此时的腰带多隐藏在上衣内，款式较窄，编结后自然下垂。

这种款式在使用一段时间后，又改为材质柔软的丝绸类腰带，款式也变得宽而长，所以会系在上衣内，并露在裤外，以此起到装饰的作用。这一时期腰带的用色主要趋势为浅而鲜明，下垂的部分一般都在左边，带尾常常绣有流苏、绣花以及镶滚。

三、美学意义的突出
——腰带装饰性的突出

　　腰带除却实用功能，还有很强的装饰功能。在人们生产、生活、伦理、政治、审美等层面的需求不断增大时，腰带不但要满足人们地位和权力的划分，更要在实用性和审美价值上得到完美的结合，所以腰带很快发展出了属于其自身独特属性的"服装符号"功能，成为人们传达情感、联络情谊的信物。

　　腰带作为中华文化传达情谊的信物这一特征由来已久。从陶渊明的"愿在裳而为带，束窈窕之纤身"到柳永家喻户晓的"衣带渐宽终不悔，为伊消得人憔悴"，都是借腰带缠绕身体的特质来表述个人的情感。

　　中国古代腰带的配饰非常有趣，一根腰带上悬挂的配饰往往种类繁多。看似繁多，实则只分两种。一种是实用性的物品，如香囊、印章等。因为古代服装没有衣兜类设计，所以腰带就起到了携带零碎杂物的作用。另一种物品就是装饰品，如玉璧、玉环等。这类东西佩戴在身上并无太大作用，只是起到了装饰的目的。在古代这两种事物被称为事佩和德佩。事佩说的是具有实用价值的配饰。德佩说的是那些注重装饰作用的佩品，这类佩件主要以玉石为原料，所以德佩有时候也被叫作玉佩。

玉石质地的佩件在中国极为受宠，就是因为中国本身就是一个产玉大国。中国不但盛产玉石，而且玉石矿的分布也极为广泛。考古发现最早使用玉器的时间为 7000 年前的新石器时代。考古学家在浙江余姚河姆渡文化遗址中层发现管状、珠状、块状等玉器，这些玉器大多数都可以挂佩。虽然这一时期玉器打磨的技术极为简陋，但为玉器的发展奠定了极为重要的基础。

玉器制作工艺到了新石器时代晚期，已经有了长足的进步。这一时期玉石产量迅速增加，杭州余杭良渚文化遗址就成批地出土了大量玉器。

玉器的制作工艺虽然较为复杂和烦琐，但总体可以用切、磋、琢、磨四个字归纳。玉石的切割是指将大块的玉石原材料用无齿之锯进行分割，并配合专门的解玉砂来完成。然后根据设计要求，用圆锯配合以砂浆对玉器进行修治，这种方法就是磋。琢说的就是在玉器成型之后用器具在上面雕刻花纹。磨则指对玉器进行抛光处理，让其散发出诱人的光泽。

商代出土的玉器中，仅河南安阳殷墟妇好墓一处，就发现了700余件玉器。其使用的材料各式，有青玉、白玉、墨玉、黄玉、绿松石、孔雀石及玛瑙等。玉器色泽也极为丰富，从淡绿、茶绿、黄绿、墨绿到黄褐、棕褐、白色、黑色，应有尽有。这些玉器有礼器、工具，还有生活用品及配饰等，外形更是百花齐放，从百兽到人形，各式都栩栩如生。这些玉器的出土，极有力地证明了当时高超的玉器开采、制作工艺。

由商及周交替时期，也是玉器由实用性转向观赏性的重要时期。此时用于挂佩的玉器被大规模生产，根据史书记载，周武王伐纣之后，还接收了"商旧玉亿有百万"。

中国玉器佩件自周代起就被赋予了极强的道德色彩，腰带配饰中的德佩在中国传统文化中占据了不可颠覆的主要地位。当时人们根据玉石特有的质感、光泽和纹理对照社会道德规范来比拟，就出现了君子五德。人们借用玉石的五种特质来象征君子的五种德行：玉石的温润而泽，象征着君子之仁；缜密坚刚，象征着君子之智；有边角而不伤人，象征着君子之义；纹理的自内显露，象征着君子之信；瑕疵而不掩饰，象征着君子之忠。从此，佩戴玉器的含义就从单纯的审美功能上升到了精神层面，因为它已经成为一种修行树德的道德符号。

在腰带德佩也就是玉佩的发展中，除却单件佩戴，有一种最为贵重的组合式饰品叫作"大佩"，也被称为"杂佩"。它是以玉珩（héng）、玉璜、玉琚、玉瑀和冲牙等玉器搭配组合使用的配饰。因为冲牙和玉璜距离很近，所以它们会随着步伐的晃动发出有节奏的撞击声。按照古代礼仪，正常的声音应该是缓急有度、轻重得当，要是声音杂乱，就会被视为无礼，相对应的自然也是步伐的杂乱。

周代大佩组合的形式到了汉代已经失传。在东汉明帝的时候，礼部根据古代文献专门对大佩的制作进行过考订，并且将结果颁布于天下。可是到了汉末，大佩的制作方法再次失传。所以自汉之后帝王所佩戴的大佩都不是真正的古制，而是根据蛛丝马迹再次制定的新规。而大佩古制的正确方法，至今也是一个未解之谜。宋代、元代对大佩的制式都进行了非常详细的考究，这两个时期的考究结果，让我们多多少少可以看到大佩曾经的风采。

腰带配饰除了德佩，还有前面说到的事佩。无论是悬挂德佩还是事佩，这些物件和腰带本身必然有一个连接的带子，这个带子一般都是丝质的，被称为"丝绦"。到了汉代，这种丝绦演变成一种带有丙丁纹的绶带，用来系官印。这种在腰带上配饰官印的做法其实是一种权力的象征。在汉代，朝廷给每名官员都颁发一枚官印和一条与之对应的绶带。官印和绶带自然也和官位的大小有关。依据官位的大小，官印从上到下依

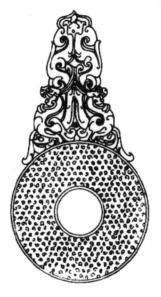

汉代变形玉佩

次是玉、金、银、铜；绶的长短、颜色和花纹也因为官印有所不同。

　　根据汉代官员制度，他们外出时必须随身携带官印。携带时官印会放在一个特制的鞶（pán）囊当中，然后系在腰间，依此来显示各自的身份。而且规定，为了向人们展示各自的官阶，必须将绶带露在外面，自然垂下，以便让人们通过绶带分辨出携带者的身份。

　　这种佩戴制度自汉代一直延续到了隋代。唐初规定，除了这种官方规定的配饰，官员还要佩戴"鱼"。

汉代官员印绶

这里说的鱼是指盛放鱼符的容器。唐时中央政府和地方官员使用一种三寸长的鱼形事物作为彼此联络的依据。这种鱼符一般使用金、银、铜等金属制成，其作用和虎符近似，也是中央政府和地方官员各持一半，使用时，就相互拼凑，看是否能合并成完整的图案。这种符改为鱼符，主要有两个原因：一是避讳唐高祖祖父李虎的名讳；二是取鱼夜不闭目之意，将毫不懈怠的寓意隐藏其中。

以上配饰都是官方权力的象征。而在民间，腰带配饰自然另有一番别样的风景。民间腰间配饰琳琅满目，种类繁多，最具代表性的有香囊、香球、刀、荷包等。

香囊是一种袋子，里面盛放香料，佩戴在腰间，达到熏香的目的。佩戴香囊的习俗最早出现在先秦时期，当时被称为"容臭"。而香囊的名称也是到了汉魏时期才正式得以确立。

在中华服装史中，香囊这种腰带的配饰成功地为自己博得了一席之地。在中国传统文化中，香囊成为男女交往中表达情愫的最佳信物。很多心灵手巧的姑娘会在香囊上绣一些吉祥并带有寓意的图案，以此来表达自己的情意。

腰带配饰里的香球是一种可以佩戴的小型香炉。唐代的妇女将其佩戴在身边，既可以焚香熏衣，又可以当作装饰物。香球的材质以金属为主，做成球状，整个球体镂空，并刻有精致的花纹。球体从中间一分

唐代香球

为二，上半部分在分口交界处装有鼻纽，用于开关。而上半部分的顶部也装有一个鼻纽，方便悬挂在腰带之上。在球体内部是一个小一号的同心圆，用两个活轴固定，这样就保证里面焚烧的香熏始终保持垂直。这种香球的实物在陕西唐墓中出土过几件。

至于腰带的配饰刀类，最早起源于先秦，当时男女都有佩戴此类物件的风俗。早期的小刀配饰以骨质、玉质为主。虽然也有个别佩戴金属材质小刀配饰的，但这些刀都不开锋，仅做装饰仪容使用，所以这一类刀又叫作"容刀"。

而腰带配饰家族中另一位明星配饰则是荷包。荷包最早被称为"荷囊"。它的功能与现在的口袋完全相同，用于放置手巾、钱币、针线等物。荷囊最早的

荷囊

款式为手提、肩挎，后来才发展为腰间系带的款式。荷包的名称出现在宋代以后，在元代的杂曲和明清时代的小说中频繁出现。

第四章

配饰

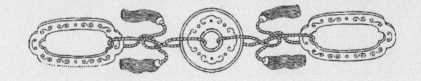

一、人体自身改造的开端
——耳饰的审美意义

　　人类对美的追求除了表现在穿衣打扮的装饰层面上，还有一种改造自身的冲动从远古时期就一直伴随着人类。尤其是拥有古老文化的民族在这一点上表现得更为强烈。除了宗教意义外，人类普遍的自身改造主要是为了对美的追求。文身如此，佩戴耳饰亦是如此。

　　考古界发现的最早的耳饰实物是在新石器时代的古墓当中。这种最早的耳饰外形为有缺口的圆形，质地主要为玉石。这种玉石类的耳饰就是"玉玦"。

　　玉玦的用途其实只有一种，就是作为装饰品满足人们对审美的追求和精神层面的寄托。古人佩戴玉玦主要是因为其蕴含的隐意。玦的外形是断裂的圆，而读音又和决相同，所以会在丧礼上将其佩戴在身上，以此表达与逝者诀别的情感。古人也将玉玦安放在死者的口内，以此来表达生者对死者的思念。考古学家在陕西户县（**今西安市 鄂邑区**）春秋早期墓葬 中发现的小型玉玦就 是这种功能的例证。

　　玉玦在古人的社交 礼仪中，除了具有诀别 的含义，还表示决断的 意图。所以在一定程度 上，佩戴玉玦也是向别 人显示自己才能的一种 外在信号。玉玦在极其 注重礼仪的先秦时代， 还有另一种功能，就是 表达朋友之间的决裂之 意。在先秦时期，朋友

玉　玦

玉　玦

之间产生矛盾不再保持友谊的时候，就会以馈送玉玦 的方式来表达心意。收到玉玦的一方自然也明白意图， 两人心照不宣，显得温文尔雅。《荀子·大略》中记 载的"绝人以玦，反绝以环"，所表达的就是这种含义。

　　作为玉玦本身，它最初还是以耳饰的身份出现在 历史的舞台上，这一点现有的考古实物足以论证—— 在全国各地的早期墓葬里，发现的玉玦都是在其主人

的耳际。

例如在四川巫山新石器时代遗址中发现的耳饰多达64件。这些耳饰材料各异，有白玉、象牙、绿松石等。形状也有圆形、梯形、长方形等不同，更多的还是玦形的配饰。当时佩戴耳饰的审美要求，并不存在左右对称的佩戴标准。在使用的时候甚至可以将几种耳饰一起佩戴，左右两边佩戴的耳饰材质和形状也可以各不相同。有人曾经提出质疑，说这些饰品也有可能是逝者的亲人安放在其耳边的冥器，用来表达对逝者的诀别之意。这种质疑提出之后，就有学者专门回应，指出：在云南晋宁石寨山古墓出土的铜质女俑耳朵上，就可以非常清晰地看到佩戴玉玦的实例。

玉玦作为一种装饰品，它的款式随着时间的推移并未发生太大的变化，只是在纹路和审美要求上有着细微的变动。新石器时代的耳饰，以无纹者居多，其特点就是中间的孔径较大。江苏南京北阴阳营新石器时代遗址就出土过这种实物。到了周代，玉玦中间的孔变小，在两面都雕刻有涡纹、龙纹、蟠螭纹等纹饰。

玉玦发展到战国末年至西汉初期时，款式上有了较大的改变。外观和新石器时代的玉玦正好相反，玉玦缺口两端变得狭窄，中间部分开始变宽。当然，玉玦的演变并不能代表真正意义上的耳环，但玉玦的出现必然对耳环有一定的影响。耳环相对于玉玦而言，出现的时间较晚。目前考古界发现的最早的耳环实物是在河北蔚（yù）县古文化遗址出土的一枚铜质耳环，距今 4000 多年。

而考古界发现最早的金耳环则出土于北京平谷乐河商代墓葬中。这枚 6.8 克重的金耳环在款式上要比那枚铜耳环复杂一些。耳环的一端被加工成扁圆形，如同喇叭口一般，口宽 2.2 厘米。底部留有一条沟槽，环身直径约 1.5 厘米，整体曲线由粗变细。另一端呈尖锥状，可以佩戴在耳朵的小孔上。

山西石楼后兰家沟及永和下辛角村的商代晚期墓葬中出土的金耳环更为精美，甚至使用了金镶宝石的制作工艺。整件耳环主要分为两部分：一部分是顶端尖锐、使用金丝弯折的钩状部分；另一部分是用金片制成的卷曲状的装饰品。这种款式的耳环在钩子和金片连接的地方还镶嵌有一至两颗绿松石打磨而成的圆珠，这种耳环的出现证明我国在 3000 多年前就拥有了金镶宝石的制作工艺。

耳环发展到汉魏时期，进入了一个低谷期。这一时期的妇女并不崇尚佩戴耳环，她们更喜欢佩戴珥珰（一种有圆柱形喇叭口，撑大耳孔后贯入耳孔的耳饰）。所以考古界在这一时期的古墓中很少发现耳环的实物。唐代妇女不喜穿耳洞，也无耳环，虽然在个别唐墓中出土了一些耳环，但基本上都是少数民族的遗物。

北宋时期的妇女盛行穿耳戴环之风。这一时期耳环的设计别具匠心。其中最具代表性的就是江西彭泽宋墓出土的一对耳环。这对耳环由一根粗细不等的金丝制成，整体造型为S状。一端尖锐，用于悬挂在耳洞上，另一端被制成薄片状，上面刻有精致的花纹浮雕。

辽金元时期，耳环也很流行，尤其在北方少数民族当中，不但女性佩戴，男性也有佩戴耳环的习俗。辽代的耳环制作工艺已经极为高明，这点从辽宁建平张家营子辽墓出土的耳环实物上可以得到证实。这对耳环被加工成立体的凤形饰品，中间空心，凤凰口衔瑞草，整体形象逼真生动。而从金代出土的大量耳环判断，这一时期的耳环依然是以金质为主，款式上以金丝编制成底托，镶嵌各色宝石。这种制作工艺一直保持到了元代，所以元代出土的金耳环和金代基本相似。

明代的耳环制作工艺比较有特点，多是以金银横压出花形，然后在花瓣或者花叶部位镶嵌上各类宝石，有的甚至会在花蕊部位镶嵌珍珠。

古代耳饰除耳环之外，还有一种名为耳坠的装饰。

汉代耳坠

这种装饰上半部分为耳环，下半部分悬挂一组坠饰。耳坠起源于少数民族，最初佩戴它的人群为男性，大约在魏晋南北朝传入中原，才被汉族妇女所使用。

唐代妇女几乎都不戴耳坠。宋代妇女喜戴耳环，不喜戴耳坠。明代妇女既戴耳环，也戴耳坠。清代妇女也有戴耳坠的风尚。这个时候富贵家庭的妇女往往拥有几

明代耳坠

十件甚至上百件耳坠。在满族妇女中，还流行一个耳垂上悬挂三件耳饰的习俗，称为"一耳三钳"。这是满族妇女固有的装饰习惯。乾隆时，一些新派妇女受汉族影响，也开始佩戴"一耳一钳"，引起统治者的不满，因为这样一来，便失去本民族特有的习俗了。乾隆皇帝专为此事下诏，严禁满族妇女佩戴"一耳一钳"。

二、寄托感性与希望的配饰
——佩戴项链的习俗发展

在闻名世界的周口店北京猿人遗址发现的物品中，饰品种类占据的比例较大。这些装饰品种类丰富，有各种兽齿、鱼骨、石珠、海贝等。这些物品周身都经过打磨和钻孔，而且有些饰品的孔眼已经变形，明显是长期佩戴的结果。可以想象，当时的原始人围捕猎物分食果腹之后，还将其骨头与牙齿留下加工成串，佩戴在颈部。这种超出生理本能需求的佩戴和装饰，足以证明人类文明的种子已经萌发。

最早的颈饰物品除了兽骨和兽牙，最受欢迎的应该就是贝、螺等软体动物的贝壳。这类物品的特点就是重量轻盈、外表美观、极具光泽，在佩戴之时可以起到很好的装饰作用。还有一个原因就是物以稀为贵，当时身居内陆的人要得到贝壳非常不易，显得极为珍贵。所以最早关于商品买卖的字眼都和"贝"有关，例如贩、财、费、贷、账等。这种情怀从远古时期一

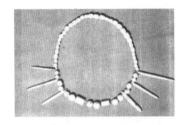

新石器时代的玉珠串饰

新石器时代的骨饰

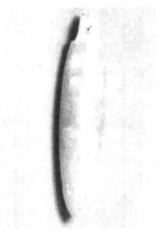

新石器时代的玉坠

直延续至今，在现代汉语的语境中"宝贝"一词依然用于形容珍视之物。

考古学家推断，新石器时代佩戴颈饰的都是女性。考古界的推断主要依据两点。一是现有的考古发现男性骸骨周围多是石斧、石凿等生产工具，而女性骸骨身边以各类装饰物和纺织物为主。二是因为母系社会男性是从属地位，所以佩戴和装饰精美物品的权力基本掌握在女性手中。

在此，我们可以延伸解读一个汉字——婴。现代语境下"婴"已经没有了性别区分。而在古时，只有女孩才叫婴，

男孩被称为孺或儿。根据学者的解释，这是因为女性
在颈部佩戴贝壳类装饰品。

　　和其他饰品的发展进程一样，项链的发展首要解
决的就是材质的更替。从最初的兽牙、兽骨、贝壳等
天然材质到串珠的形成，项链的材质选择发展迅速。
目前考古界已经发现的项链串珠种类多达 20 余种，
有骨珠、蚌珠、陶珠、金珠、银珠、玉珠、紫金珠、
玻璃珠、琥珀珠、玛瑙珠、珊瑚珠等。其中蚌珠就是

山顶洞人的装饰品

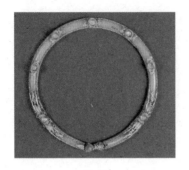

项圈

珍珠。

项圈也是古代常用的一种颈饰。项圈一般采用金属制造，形制相对于项链而言更简单。寻常百姓家一般使用银、铜制造，而相对富裕的人家则用金子作为制作项圈的原材料。一些大富大贵的人家甚至会在上面镶嵌一些宝石作为点缀。

目前出土最早的实物项圈是在内蒙古伊克昭盟（今**鄂尔多斯市**）杭锦旗发现的两件金项圈。经学者考证，这两件项圈属于战国时期遗物。它们均以0.6厘米粗细的金条弯制而成，两件总重量为890克。这两件文物的出土，证明在战国时期就已经出现了佩戴项圈的习俗。

魏晋南北朝时期的项圈实物已经出现了追求精巧制作的趋势。唐代以后的项圈造型都相对简单。到了明清时期，项圈的制作工艺反而变得相对讲究一些。现在有些大型博物馆，例如北京故宫博物院就有当时项圈的收藏。这类项圈大多镶嵌有珍珠、宝石一类饰物，以此达到审美价值的提升。

关于"项链"这一名词的出现，在古书中未能找到其踪迹。这种叫法一直到民国才出现在各类报刊中。项链的形制大体由链索、吊坠、链索开端的卡扣三部分组成，其中吊坠和卡扣成为项链最能表现设计美感的部分。

考古学家发现，早在新石器时代，就已经出现符合项链特征的饰品了。例如在江苏武进寺墩遗址出土的一件由 13 颗玉珠和 4 个玉管组成的饰品，就已经具备了项链的所有特征。

在湖南长沙一座东汉墓中，出土的 192 颗金珠，穿起来正好是一个完整的项链。而在西安玉祥门外一座隋墓出土的一串项链特别珍贵，而且制作工艺精美。这串项链的链索部分由 28 颗镶有珠宝的金珠子构成。项链上部以金镶宝石的花瓣组成，下部由金镶边的水滴状玉石组成。这串在地下埋藏了 1000 多年的精美项链，出土之后依然光彩夺目。而其别具匠心的制作工艺，也足以证明当时制造业的高超水准。

然而这些精美的项链经过千百年的发展演变，在整体制式上并未出现多大的改观，只是在款式上有一些细微的调整。在发展演变中，出现了两种特别具有代表性的延伸类型——念珠和长命锁。

念珠就是佛珠，源于佛教，本是挂在脖子上用来计数的物件。念珠的质地通常是香木、核桃、菩提子等，

念 珠

稍微好点儿的会使用宝石类材质。念珠通常以18、27、54、108这样的数目出现，而最大数值108颗的念珠被称为百八牟（mù）尼珠。这个数值和古时寺庙朝夕所鸣响钟声的数字相等，而这108声钟声，也被叫作"醒百八烦恼"。

中国古代佛教盛行的时期，颈部悬挂佛珠不只是一种宗教信仰，还是一种流行风尚。清代努尔哈赤有念珠诵经的习惯，在他的影响下，满族男女都有佩戴念珠的习惯。念珠因为清兵入关而变得更加流行，并且一路演变，成为清朝官服中最大的特色饰品——朝珠。

　　朝珠的制式和念珠乍看起来很像，实则有很大区别。最大的区别在于朝珠每隔27颗珠子就会夹入一个大珠子，这就使得整串朝珠有4颗大珠。而这种大珠一般是由珊瑚、玛瑙、翡翠等制作而成的，称为"佛头"。佛头一般以脖颈为分界点，前三后一地将108颗珠子划分为四段，所以又被称为"分珠"。这种分布，有学者提出是为了象征四季。在朝珠顶端的那颗佛头上，还有一个名为"佛头塔"的塔形饰品。而佛头塔下面还有用丝绦连接的一个椭圆形的玉片，这块玉片在佩戴之时会正好搭在后背上，所以被称为"背云"。

佩戴朝珠的清代官员

佛头塔两侧又有三串小珠串，每串 10 粒，珠串的末端各有用银丝珐琅裹着宝石的小坠角，称为"纪念"。

朝珠作为项链的延伸饰品，成为清代权力的形象外化，自然也会形成一套完善的穿戴规则。《大清会典》对朝珠的穿戴规定有着详细的记载，其中关于可以佩戴朝珠的人群范围是：自皇帝、后妃、王公以下，文职五品、武职四品以上，以及翰詹、科道、侍卫、礼部、国子监、太常寺、鸿胪寺等所属的官员。

朝珠不同的制作材料，代表着佩戴者不同的身份。

朝　珠

例如皇帝的朝珠就是由 108 颗东珠（珍珠）组成的。而皇后所戴朝珠为三盘，中间一盘为东珠，左右两盘为珊瑚珠。皇贵妃的三盘朝珠为一盘蜜珀珠，两盘珊瑚珠。嫔妃的则是一盘珊瑚珠，两盘蜜珀珠。朝珠的佩戴在男女性别区分上也有着明显的规则。朝珠上"纪念"两串在左一串在右者为男，两串在右一串在左者为女。诸如此类的规定详尽烦琐，处处体现着绝对权力的威严。

长命锁是中国民俗物化的最佳饰品之一。佩戴长命锁是长辈希望它能保佑孩子避灾驱邪，"锁"住生命。所以长命锁会在孩子出生不久后就戴在脖子上，一直到成年才允许取下。

这种带有迷信色彩的祝福类饰品，源头可以追溯到汉代的长命缕。在汉代，每到五月初五端午节，每家每户都会在门楣上悬挂五色丝质绳子，以避不祥。发展到魏晋南北朝，这种丝绳被转移到了妇女、儿童的胳膊上，成为一种带有祈福含义的装饰品。这种风俗在民间一直流传，在宋代甚至传入宫廷之中，每到端午节前，皇帝会在长春殿亲自将长命缕赏赐给百官。而宋代管这种编织物叫"珠儿结""彩线结"，形制更复杂，穿有珍珠等物。

长命锁在明清时期发展迅速，成为一种儿童颈饰。

长命锁

而其制作的材质多为金银珠宝，造型也是以锁形为主。
一般会在上面刻有很多吉祥祝福的话语，或者将它做
成如意头的形状，并在上面刻有寿桃、蝙蝠、金鱼、
莲花等图案，以表达对孩童的祝福和庇佑之意。

三、用灵性展现审美秘密的环状饰品
——戒指与手镯的秘密

　　手指的灵活与大脑的聪慧成就了璀璨的人类文明。在服饰文化发展中，配饰永远是为装饰和保护身体某一部分而出现的。对于人类至关重要的手部，自然出现了对其装饰保护的物件——戒指。

　　"戒指"一词至元代才出现，明代以后才被广泛使用。古时戒指名称繁多，例如"指环""约指""手记""代指""戒止"等。

　　指环最初是以装饰品的身份出现在奴隶制社会的。考古界曾发现过大量的指环实物，其制作材料非常丰富。早期的指环是以动物的肢

北朝指环

汉代指环

唐代金指环

骨或美石打磨而成，随着社会生产力的发展，铜、铁等金属也成为指环新的制作材料。时间推移到汉代，纯金指环横空出世。从此，金子就成为戒指最普遍的制作材料。当然，主流戒指虽然以纯金为主，但并不影响其百花齐放的设计思路。除了金指环，还有玉指环、银指环、翡翠指环、火齐（jì）指环、玛瑙指环、金刚指环（俗称钻石指环）等。目前出土的指环中较有代表性的是新疆吐鲁番汉墓出土的一枚指环。这枚指环以纯金为托，镶嵌有一块特大的宝石，在宝石周围又围绕着一圈小金珠。整体造型显得雍容华贵。这种镶嵌宝石的制作工艺从此影响着指环的发展，在随后的朝代中，都出现过具有类似设计思路的指环。

现代男女结婚时交换戒指这一风俗其实早在东汉

时期就已经形成。这种将指环作为寄情之物的做法在东晋小说《搜神记》中有所记载，男子馈赠女子戒指，以此作为日后相见的凭证。六朝时期，将指环作为订婚礼物的礼仪已经形成。《南史·后妃传》中就有记载："帝赠金指环，纳为贵妃。"到隋唐时期这种习俗就成为惯例。

手镯是古代女性最重要的腕饰。从目前考古界和学术界掌握的资料判断，早在 5000 年前的新石器时代，不论男女都非常喜欢佩戴这种饰品。

手镯起初被称为"环"。在其发展中，也出现过"钏"这样的款式。虽然"环"与"钏"的名称通用了一段时期，但两者在款式上还是有区别的。钏的造

白玉金手镯

元代手镯

型类似弹簧，可以伸缩调节，具有非常好的弹性。然而要保证这种需求的话，在材质上就只能选择金属作为原料。而环就不同，对于延展性没有那么强烈的要求，所以在制作原料上就不限于金属材质，玉石等天然材料反而成为它的主要材质。

手镯的名称出现在宋代，自宋代之后的文献都将这种饰品称为镯。其形制在5000年的历史发展进程中一直跟随着时代的变迁而变化着。新石器时代的手镯大多数是由骨、石、玉等天然材料磨制而成，当然，也出现了一些陶制品。从出土的实物判断，新石器时代的手镯有圆形、方形、梯形、长方形以及半圆形，而且手镯表面都没有纹饰。

商周时期，椭圆形手镯成为流行款式。在制作上开始使用金、银、铜等金属材料，手镯的外形也日益精美。这一时期金镯的普遍制作方法是将 0.3 厘米粗细的金条弯成环状，然后两端捶扁，制成扇形的两端。

手镯相对于其他的饰品，佩戴规则是最为简单的。最初手镯无论男女都可以佩戴，而且没有什么明确的佩戴规则。秦汉之后，佩戴手镯的男性越来越少，随即演变成了女性的专利饰品。总体回顾秦汉魏晋南北朝时期就可以发现，这个时间段流行的金属类手镯各有不同。例如，西汉流行铜镯，东汉至魏晋南北朝时期又流行银镯。而手镯的制式也有简单和复杂两种。简单的制式就是前面所说的将金属条制成圆环。复杂的制式则是用模具制作法，制作出来的手镯为圆管状，在上面刻纹饰、镶嵌宝石。

隋唐五代的手镯制式趋于精细化，目前出土的实物形式各异，有串珠形、绞丝形、辫子形等。这一时期最具代表性的手镯是陕西西安何家村出土的唐代白玉镶金手镯。手镯玉环被分为三段，每一段的两头都由金花链相链接，并且设计有开关，方便佩戴。而手镯的发展在制式上也再未产生质的变化。宋元时期的手镯最大的特点就是用金银模压而成，将其弯曲成环后在镯面留有开口。明清时期的手镯则在纹饰上更加精细，反映出当时工艺水平的高超。手镯一直发展到民国时期，依然受到女性的追捧。直至今日，手镯仍是爱美女性的必备饰品。

第五章
鞋履

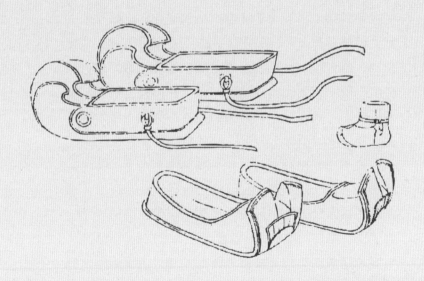

一、传统文化中的手工制品
——中国式鞋履的特色

千百年来，影响中国鞋履款式、用色发展变化的核心因素是中国传统文化中礼制的发展和改变，所以从另外一个层面讲，中国鞋履发展进程中最大的特点就在于其结合不同时期礼制产生的变化。从最早的文献中即可得知，鞋子最早称为屦（jù），战国以前，"皆言屦，不言履"，直到战国之后，屦才通称为履，而鞋字出现时间更晚。周代时，服饰礼制完全建立，还专门设有"屦人"这一职务。在官位级别上屦人隶属于天官，专门负责王与王后所有场合要穿戴的鞋履。

古时还未出现家具，人们在室内都是席地而坐。这种席子白天是座席，到了晚上则可以成为卧席，所以席子在当时的家居环境中起到了至关重要的作用。为了保证席子的整洁，人们会在进入室内前将屦脱下，整齐地摆放在门外。按照当时的礼制，若看到门口有两双屦，就表示此时室内有两个人，后来的人为了表达对室内人的尊重，必须等到里面的人开始高声说话了，才能进去。在进入室内之前，也要先将屦脱下，放在门口的台阶下面。而且规定，从室内出来穿屦的人必须采取蹲跪的姿势。

在中国古代，所有的鞋履种类中，最为尊贵的种类叫作"舄（xì）"。这种鞋子分夏冬两款。夏款用葛布制造，冬款则用皮革制造。这里说的葛布是用葛藤纤维绩纺而成的布，具有耐磨、坚韧等特点，将其染成各种规定的颜色并制成鞋子最为合适。

周礼规定权力核心阶级所穿舄必须根据不同场合配合以不同颜色，而且这种搭配一定要和当时所穿的冠服相称。按照当时的等级规定，王和诸侯所用的舄色有赤、白、黑三种，其中以赤色为上；王后所用舄色为玄、青、赤三种，其中以玄色为上。所以在礼节最隆重的场合，王穿赤舄，王后穿玄舄。

在设计层面，舄很巧妙地将使用价值与意识形态导向结合在一起。舄首正中的位置设计有一个用同色丝织物合成的"絇（qú）"。絇的两头分别留有一个小孔，用来贯穿系绳。人们在穿戴时可以利用这个系绳收紧舄，以免滑落。对于絇的价值，有学者提出这种设计不仅是为了增强舄的实用性，更是蕴含着束缚的意思，以此来提醒穿舄的人要行为谨慎，品行端正。

舄还有一个独特的设计，就是在鞋帮与鞋底的连接处有一道用丝带制成的细圆条状滚边，叫作"繶（yì）"。设计繶的主要目的是加强鞋履的牢固程度。因为葛布一类的材质本身结构松软，所以必须采用这样的滚边辅助鞋底和鞋帮之间的连缀来增加鞋子的牢固程度。这种设计理念延续了3000多年，时至今日，在现代工业背景下制造的布鞋和皮鞋仍可以看到它的踪影。

舄与普通鞋子的区分非常明显，普通鞋子的鞋底为单层，而舄的鞋底为双层，上层为布质鞋底，下层为木质托底。这种设计主要是从实用性考虑。因为舄只会在祭祀和朝会这两种场合穿戴，考虑到仪式的繁长，需要长久站立等原因，故而设计这样的木质托底来保护鞋底不被浸湿。尤其是碰到去郊外祭祀的情况，就更加实用了。

舄最早出现在商周时期，它的款式以及穿戴礼仪正好和当时的礼仪制度完美吻合。但到了战国时期，舄的穿戴礼仪一度失传，一直到汉魏才重新恢复。而在随后的历史进程中，舄的发展一直徘徊在放弃不用与重新回归之间。

对军事装备的革新需求，成为推动中原地区靴子发展的最主要动力。战国时期赵武灵王推行的胡服改制成为皮靴发展的重要节点。在赵武灵王政策的推行下，少数民族的皮靴成为中原汉族鞋饰的一部分，一直延续至今。

在汉代，鞋子在造型上出现了很多变化，丝织的鞋面上会出现很多色彩和图案的组合。款式相对更加精美，也更加贴合足部的形状，增加了穿着时的舒适程度。

魏晋南北朝时期，穿屐的风潮在南方地带兴起。屐的造型与现今的拖鞋相似，分为平底屐和齿屐两种。其中平底屐随着时代的变迁逐渐演变成当今的凉拖。

魏晋南北朝时期，丝履的发展进入到一个新的阶段。丝履制作极为精良，款式也更为多样。这种变化主要表现在三个方面。第一点是增加了文采。这种文采不只是在丝履上绣出各式彩色花纹，还将金箔剪成花样，或贴或缝在丝履上。第二个变化就是履头的形式多样化。此时的履头或圆，或方，或做成歧头，或做成笏头，款式多样不拘一格，反而成为这一阶段的独特之处。第三个特点就是鞋底变得厚实。以前，鞋履中只有前面提到的舄鞋底较厚，剩下的都是薄底鞋。而此时出现了用木块、多层布片、皮革等缝制的高底鞋——重台履。

到了唐代，丝履的款式推陈出新，出现了最具唐代特色的高翘式履头。而且女款的这种高翘式履头更为明显，从陕西乾县唐永泰公主墓中出土的石刻中可以看到。

隋唐时期出现了一种靴子——六合靴。六合靴是用六块皮革拼合缝制而成的长靿（yào）靴。隋文帝就曾经穿着和大臣一样的六合靴上朝。六合靴颜色以黑色为主，外形则有圆头、平头、尖头等多种样式。

隋代的权力阶级穿着六合靴要根据是否参加重要场合来决定。从此，靴子成为朝服的重要组成部分。宋代，六合靴穿戴制度依然沿袭唐代礼制。但在具体实施中，将六合靴的长靿改为短靿，而且在靴子里面加入一层毡，增强了保暖效果。宋代后期又将六合靴改为皂文靴。皂文靴用黑革制成，外形如同加长的履鞋，主要在出席大型宴会时使用。

靴子发展到明代，在材料上以皂皮为主，布织品为里。明代服饰制度对鞋子款式的规定非常严格，无论官职高低，都要按照相应规定穿着鞋子。例如：儒士准许穿靴子；校尉力士只有在上班时间穿靴，平时外出则不能穿着；庶民、商贾等无论什么场合都不许穿靴，只能穿皮扎翁。皮扎翁是一种有筒的皮履，底部厚实，鞋靿较高，穿着时外面缠上东西绑在腿部。

清代男款鞋饰以鞋为主，但如果身穿公服，就必须穿上靴子进行搭配。靴子面料普遍使用黑缎，流行款式由初期的方头逐渐变为后期的尖头。但在正规的朝服中靴子还是沿用方头，只是逐渐减轻了靴底的重量。在民间，富裕人家的靴子分为春秋和冬季两款，春秋时穿透气性强的青素缎靴，冬季穿保暖性好的青绒靴；经济条件不好的人家一年四季都穿质地相对粗糙的青布靴。

　　从宋代开始，以脚小脚大评价女子美丑的审美风尚形成，人们普遍将小脚当作美的标准，而妇女们则将裹足当成一种美德，不惜忍受剧痛裹起小脚。由此出现了缠足妇女"三寸金莲"的专属鞋子，被称为"弓鞋"。这种鞋的鞋头大多非常尖，鞋底内凹，整体弯曲如弓。在福建福州南宋黄昇墓中出土过六双弓鞋。这六双鞋子都是以纺织物为面，麻为底，鞋头尖而弯曲，鞋跟有丝带，可以用来打结固定。这些鞋子长度在 13.3 ～ 14

足穿弓鞋的女子

睡鞋

厘米，宽 4.5 ～ 5 厘米。

在这种习俗影响下的中国古代妇女在夜间为了不使足部松弛，也要穿着鞋子入睡。这种鞋子叫"睡鞋"，也有地区将其称为"眠鞋"或"睡履"。睡鞋和弓鞋唯一的区别在于其为软底鞋。因为睡鞋不用下地，所以在鞋底部也会绣有花纹。

到了清代，相对于缠足的汉族女性而言，满族女性的鞋子就显得极为宽大。因为满族女性没有缠足的习俗，加上满族原来居住地区气候寒冷，所以她们的鞋子多采用高底。满族女性所穿鞋子的高底不同于后跟垫起来的汉族弓鞋，它高底的部位在中间，而且前后两端都不用衬垫。这种高底鞋留在地上的脚印如同马蹄一般，所以被称为"马蹄底"，当然也有称它为"花盆底"的。在满族女性中，高底旗鞋的高度随着年龄的增长会逐渐缩短。也就是说年轻妇女穿的旗鞋底子最高，到了老年阶段，因为身体原因，就会穿平底鞋。从北京故宫博物院中收藏的实物可以看到，旗鞋的鞋面由彩缎制成，上面绣有花样，鞋跟都用白细布裱蒙，鞋底涂白粉，富贵人家还会在鞋跟周围镶嵌宝石。

二、极具特色的民族符号
——绣花鞋

中国女性手工制造的绣花鞋，承载着中华民族女性追求美好事物的丰富想象力，也最直观地展现了精巧、细致的东方女性特质。中国版图广袤辽阔，各地风俗各不相同，所以哪怕同时代的绣花鞋也会展现出不同的特色。绣花鞋作为中国女款鞋饰发展艺术化与情趣化的代表，很巧妙地将刺绣艺术与女鞋款式结合在一起，从而创造出丰富多彩的绣花鞋种类。

绣花鞋就鞋头而言，有平头、翘头之分。平头绣花鞋造型朴实、实用，流传广泛，也是各个时期普遍存在的款式。翘头绣花鞋制造精美，样式考究，具有较高的艺术价值。鞋底部分，分为桥底、平底、无底三种。平底绣花鞋采用的是缝线纳底。无底鞋就是前面提到的睡鞋，因为其主要作用是防止妇女睡觉时脚部松散，所以不用沾地，故而鞋底也是柔软质地，如同无底一般。桥底鞋的出现是绣花鞋发展进程中极为

重要的一个环节。桥
底绣花鞋出现在清末
民初。当时流行一种
用木头做鞋底的绣花
鞋，鞋底造型如同桥
梁一般，所以被称为
"桥底绣花鞋"。这
种款式的绣花鞋不但
使女性的脚部看起来
更加小巧，还能避免
脚部稍大女性的尴尬。

绣花鞋

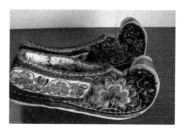

绣花鞋

　　绣花鞋的鞋鞡
则分为高鞡和低鞡两
类。低鞡绣花鞋的常见种类又有方口两截鞋、皂鞋、
合脸鞋、深脸圆口鞋、尖口鞋几种。从功能性上讲，
高鞡绣花鞋比低鞡的保暖性好，是冬季绣花鞋的主要
款式。

　　在中国传统男耕女织的社会构架中，制作绣花鞋
的能力和水平成为评价一个女子是否心灵手巧的标准
之一。绣花鞋还是人们寄托情感的载体，不仅可以成
为男女爱情的见证，更满载着人们对美好生活的追求
和向往。

"绣花"在中华文化语境中是"刺绣"的别称，是按照设计好的图案引彩线，在丝绸、布帛等纺织物上刺缀运针，以绣迹构成图案或者文字。

刺绣最早与服饰结合，彰显穿戴者的显赫地位，有着辅助政治集权的作用。随着社会的发展，刺绣逐渐成为美化生活的装饰物，并且摆脱了权力的约束，在民间得以普及。

随着社会发展阶段的变化，刺绣逐渐脱离了最初的技术层面束缚，呈现出了一定的艺术追求。其发展阶段大体可划分为周代的简单粗糙、战国时期的逐渐工整、汉代展露出的艺术追求这三个阶段。湖南长沙楚墓出土的两件战国刺绣是目前年代最早的实物。这两件刺绣的针法属于典型的辫子股针法，也就是常说的锁绣针法。这两件刺绣针脚整齐，配色清雅，线条流畅，完美地表现出了楚国刺绣艺术的最高成就，说明这一时期的刺绣技术为中国刺绣工艺的发展奠定了坚实的基础。

湖南长沙马王堆 1 号西汉墓出土的女尸脚上所穿的歧头青丝履是目前最早的绣花鞋实物。这双绣花鞋镶有精美的刺绣花边，鞋子样式基本与后期绣花鞋相同。

魏晋至隋唐时期，佛教信徒用刺绣的方式来表达自身宗教意识的虔诚，这时期的佛像被称为"绣佛"。而隋唐时期的刺绣工艺也与时俱进，在沿袭汉代锁绣的基础上，针法出现了沿袭至今的平绣工艺。这种针法可以实现操作者多样的刺绣想法，展现其对艺术的自由追求。隋唐时期刺绣的主要内容多为用彩色线绣出的佛像人物、山水楼阁、花卉禽鸟等。这一时期的刺绣还有一个特点，就是用金银线勾勒出图案的轮廓，以此来增强刺绣作品的立体感。

宋元时期的刺绣内容多与生活内容有关，刺绣作品质量在这一时期达到了很高的水平。宋代将刺绣艺术送上如此高峰的原因主要有三点：一是在熟练掌握平针绣法的基础上，又发明出了许多其他针法；二是对于刺绣工具的改良，当时出现了长短不超过两厘米的针和发细丝线，这些工具的改革对刺绣艺术的发展起到了决定性的推动作用；三是以名人绘画作品为刺绣题材，增加了作品内涵和审美价值。

明代手工业的继续发展，催生绣花鞋进入了一个新的发展高潮。刺绣工艺在继承宋元技艺的基础上，更上一层楼，出现了透绣、发绣、纸绣、平金绣等新刺绣工艺。其间出现了许多刺绣名家与专业家族，例如上海顾家所创的"露香园顾绣"就是当时的代表之一。

在明代，绣花鞋成为妇女鞋饰的主流款式，占据了女性日常鞋履的核心地位。

到了清代，刺绣的发展继续保持着兴盛不衰的势头，地域性刺绣纷纷迎来发展的黄金期。例如苏绣、蜀绣、粤绣、湘绣、京绣、鲁绣等，就是在此时奠定了各自发展的风格和美誉。清末民初，国内刺绣业吸取日本刺绣的长处，同时融合西洋绘画的观点，出现了沈寿首创的仿真绣、杨守玉发明的乱针绣等具有划时代意义的刺绣工艺。

绣花鞋发展到清末时期，出现了标有各式花样的绣谱。当然，绣花鞋也和服饰一般，有着严格的等级制度。清代规定一般人家的女子不得在绣花鞋上使用金绣和珍珠，图案不可以绣龙凤，不能用明黄色和绿色的绣花鞋，最多只能穿杏黄色的绣花鞋。

虽说绣花鞋和刺绣的发展密不可分，但由于鞋子的面积窄小，因此绣花鞋上并不适合绣过于复杂的图案。所以绣花鞋选择的图案一般都是寓意明显的纹饰，并且其中蕴含着独特的民族文化密码。刺绣的位置较为讲究，主要以鞋帮为主，鞋跟、鞋底、提鞋等部位为了避免分散主题最多会绣一些零星图案，做点缀之用。

较具有代表性的绣花鞋图案有植物类的季花图

案。这类图案借助花卉来表现季节的变更。一般规律为春季绣牡丹花，夏季绣荷花，秋季绣菊花，冬季绣黄色蜡梅花。除了这些，还有动物类的隐喻图案，非常具有中国民俗代表性。例如：喜鹊代表喜庆之意，取声名鹊起的寓意；乌龟代表长寿之意；美丽的蝴蝶被人们用来比喻爱情和美满的婚姻；鹿和"禄"谐音，有着福气和俸禄的意思；蝙蝠被视为驱邪之物，本身"蝠"又与"福"谐音，有着引来福气的寓意。

绣花鞋上的刺绣图案除了上述单一的自然界动植物样式，还有很多夹杂了人文内涵的组合形图式。例如：蝙蝠、鹿、乌龟、喜鹊的组合图案，取"福、禄、寿、喜"之意，以此表达深切祝福；陕西关中地区绣蜘蛛、蜈蚣、蝎子、蟾蜍、蛇五种毒物的习俗则是取"以毒攻毒，厌（yā）而胜之"的原则，寓意辟邪祈福。

从实用性到美学追求，鞋履的出现让中华儿女前行的步伐显得更为自信。从兽皮到复杂的鞋履制式，其中映射出的是时代生产力的不断进步和文明进程的不断加深。对民族鞋履文明的研究，足以成为探究各个时代政治、经济、文化、军事等领域最精准的角度之一。

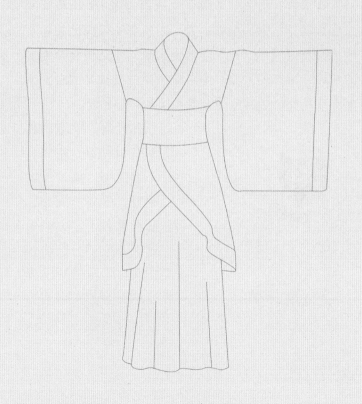

一、中国文化背景下的穿戴礼仪
——婚丧嫁娶的穿戴文化

中国服饰的发展讲述到本节，不难发现，服饰的发展在远古社会主要依附于生产力的变化。一旦解决了服装制作材料的生产问题，对其影响最深远的还是政治文化因素。"礼"作为中国政治生活中极为重要的成分，服饰的款式、颜色等发展主要被其左右，逐渐形成具有中国特色的穿戴礼仪和等级制度。

帝王冕服

古代政治大事，莫过于祭祀神灵、祖先，而人生大事，莫过于婚丧嫁娶。就祭祀而言，它是世界各国古文明中处理人与自然、人与神灵、人与本身精神世界关系的最主要集体活动。中国古代祭祀名目繁多，从被祭祀的对象划分可归纳为天、地、人三类：天指的是"天神"，包括天上诸神、日月星辰、司中司命、风师雨师等；地说的是"地祇（qí）"，包括山林川泽、五岳四方等；人指的是"人鬼"，例如先王、祖先等。

在这三类祭祀中，祭天的仪式最为隆重。历朝历代，只要是开国立都之事，都会在郊外设立祭坛，举行"国祭"，由皇帝亲自带队主持祭祀仪式。参加的人除了皇亲国戚，朝廷重臣和专门掌管祭祀的官员必须一应到齐。相比之下，帝王在宗庙之中举行的祭祖仪式可以称为"私祭"了。

寻常百姓当然没资格参加国祭，但民间的祭祀活动也极为频繁。祭社、祭祖逐渐成为民间祭祀文化的主流。祭社，是对土地神的祭祀。民以食为天，从古至今，农业生产力都是一个国家繁荣昌盛的根本。所以古时从大夫到百姓，都立有社庙。周制以二十五家为一里，每里设有一社，称为"里社"。里社，就是其附近百姓祭祀的场所。祭社的次数不定，有时一年一次，有时一年多次。举行祭社的这一天被称为"社日"，仪式由社长亲自主持，带领百姓向神灵祈求庇护。

百姓也有祭祖之礼。无论是大户人家还是寻常百姓，都会在家中设立祠堂，以供祭祖之用。

祭祀活动中除了约定俗成的礼仪轨迹要进行，最主要的还是对参加者服装的约束。祭祀时穿的服装被称为"祭服"。无论是帝王公卿还是王后嫔妃，册命后的第一件事情就是置办好祭祀时穿的祭服。

帝王和王后等权力核心阶级的祭服有着严格规定，本书第一章中提到的冕服和十二章纹就是帝王祭服的标准制式。百姓的祭服虽然没有那么复杂，但也有明确的规定。百姓在祭祀之前要先沐浴身体，之后穿上一种特制内衣。这种服装由麻布制成，比普通单衫略长，穿上之后可以将身体全部裹在其中，称为"明衣"。明衣到了唐代改为生绢单衣，而宋代则要求祭祀时穿新衣即可，对明衣不再要求。

商周时期，规定祭社时必须穿黑色上衣。因为中国古人认为天玄地黄，天在上，所以要穿黑色上衣以示对天的敬畏。材质则会根据个人财富状况选择丝绸或者麻布，并未做硬性要求。商周之后，有一段时期深衣作为祭服出现在祭祀的舞台上。但到了唐代，祭社已经发展成为一种民间节日，整体气氛变得欢快喜庆。所以此时祭社的参与者中只有祭社的主持仍需要穿特定的祭祀服装，其他人服装的颜色变得多彩起来。

和祭社不同，祭祖仪式一直保持着庄严、肃穆的气氛。所有参与者必须按照规定穿着相应的祭祀服装。例如在宋代，参加祭祖者如若是有官位者，必须戴幞头，穿公服；进士戴幞头，穿襕（lán）衫；处士戴幞头，穿皂衫；寻常百姓则戴帽子穿深衣，妇女则穿大衣长裙即可。

中国传统的祭服制度，创立在周代，历经发展，一直延续到明代，在清代被统治者废除。到了清代，从皇帝到百官祭祀穿着朝服即可，所以在当时朝贺与祭祀使用的是同一种服饰。而中国服饰祭祀所用服装的发展历程也至此结束。

人生当中，婚嫁之事不可怠慢，必然是极为隆重的仪式。根据古代文献记载，婚姻有纳采、问名、纳吉、纳征、请期、亲迎等六大程序，这些程序被称为"六礼"。

议婚时男子派媒人向女子家提亲，并送上羊、雁、玄纁等物，这就是纳采。送的这些礼物各自也有不同含义，玄纁代表天地，羊代表吉祥，雁代表阴阳和顺。纳采后媒人问女子名字及出生年月日，这就是问名。然后男子得到女子生辰八字后找人占卜，如果得出吉兆，这就是纳吉。纳征，也称纳币，即男家以聘礼送给女家，女方一接受聘礼，婚姻即告订立。请期，即男家择定婚期，备礼告女家，求其同意。最后是新郎亲至女家迎娶新娘，这就是亲迎。

根据周代规定的礼俗，新婚夫妻所穿的礼服均属吉服范畴，参加婚礼的其他成员也要穿着相应的衣服以示祝福。新郎所穿服装有着严格的规定，统称为"爵弁，纁裳，缁袘（yì）"。爵弁，又被称为广冕，冠身如同两手相合，顶上装有木质冕板，外表裹有细布，颜色暗红偏黑。纁裳说的是一种绛色围裳，而缁袘指的则是围裳四周的黑色缘边。新娘穿的礼服则是由次、存衣、纁袡（rán）等组成。次指的是一种假髻，用假发编制而成，使用的时候套在头上用髻钗等头饰固定即可。存衣是一种玄色丝衣，在存衣四周镶有绛边，就叫纁袡。

到了汉代，女子的嫁衣款式多为袍制，从款式上看并无尊卑区分，但从面料和颜色的使用上则有着明显的贵贱之别。当时规定，地位越高的女性，可以选择的颜色越多。

在汉末魏初的时候，民间女子出嫁，会用纱蒙住脸面。这种习俗延续到宋代，纱演变为一块红色的大方巾，被称为盖头或盖巾，这种叫法一直沿用至今。

同婚庆相同，治丧在中国文化中占有同样重要的地位。在封建社会，人们相信神灵的存在，为了安抚亡者的灵魂，发泄心中悲伤，治丧自然会倾尽全力，花费大量的人力财力去举办丧礼。

丧礼在中国因为地域的不同，所呈现出的仪式也繁简不一，但在主要流程上面还是大致相同的。死者咽气后，家人会抓紧时间为死者沐浴、穿衣，然后伸直四肢，将尸体停放在厅堂。这些事情做完之后，正式的祭奠就开始了。祭奠活动从讣（fù）告开始，如若死者是有官职的人，还要向官府上报。一般百姓向亲朋乡邻发出通告即可，这就是"报丧"。在家的人就会为死者树旌，将死者的姓名、官职、功名等信息写在一面白色的旗子上，放在堂前，供亲朋凭吊。三天后，给死者换上衣被。之后将尸体放进棺材加盖是一个比较隆重的环节，称为"大殓"。棺材加盖之后，要再次进行祭奠，这个环节被称为"大殓奠"。自大殓奠之后，主人以下的人全部要穿丧服，俗称"成服"。之后就是早晚哭祭，将棺材放入选择好的吉地入土。在整个中国式丧礼过程中，入葬是最为庄重的时刻。用柩车将棺木运送到坟地被称为"出丧"，也叫作"出殡"。在出殡过程中，所有与死者有关系的人按照亲疏程度穿着不同的丧服，然后扶着灵柩前行。入葬仪式结束后，众人回到家中灵位前继续哭丧。这个仪式结束后，关系较为疏远的亲朋就可以离开了，留下的人开始为死者守孝。守孝时间的长短，则根据所穿丧服的等级有着严格的规定。

　　2000多年来，丧服虽然有传承和变异，但仍保持了原有的定制，基本上分为五等，也就是所说的"五服"，即一斩缞（cuī），二齐缞，三大功，四小功，五缌（sī）麻。五服的区别主要体现在材料和款式两个方面。而且根据古代丧葬礼仪，穿着丧服的时间也因亲疏关系不同而分为三年和数月不等。除此之外，守孝者的饮食和睡寝用品也有一些繁杂的规定。

斩缞是五服中最重的一种。这种服装用极其粗糙的生麻布制成，并且规定这种麻布的密度只能是三升。一升为80缕，三升也就是在二尺多宽的门幅上用240根经纱，其粗疏程度可想而知。款式还是延续中国传统服饰的上衣下裳，在制作过程中将麻衣斩断，故意留有毛边，因此被称为斩缞。凡是儿子、未嫁女儿为父母守丧，承重孙为祖父守丧，父亲为长子守丧，儿媳为公公、婆婆守丧，妻妾为丈夫守丧，臣为君王守丧等情况，都要穿这种丧服。穿着时间为三年，如果除去本年的话期限实际为两年。

穿斩缞时男子头饰为丧冠，女子则用丧髻。穿丧服时在头上和腰间系的麻质绳带被称为"首绖（dié）"和"腰绖"。根据丧服制度的规定，穿斩缞时手中还要握着一根用来支撑身体的哭丧棒。这根棒子是用来支撑守丧之人因万分悲切而无法站立的身体，可以看作一种表现悲伤心情的特色道具。

　　齐缞在五服中地位仅次于斩缞。它是用四至六升的粗麻布制作而成，边缘都会使用针线裁剪整齐，所以被称为齐缞。归纳起来可以分为四种情况：一种是父亲早已不在，为母亲或者继母守丧，母亲为长子守丧，穿戴时间为三年；第二种是父亲还在人世，为母亲守丧，丈夫为妻子守丧，穿戴时间为一年；第三种是男子为伯叔父母、兄弟守丧，已嫁女子为父母守丧，祖父母为嫡孙守丧等情况；第四种是为曾祖父母守丧。以上这四种情况会穿齐缞。齐缞之丧的饮食标准是"疏食水饮，不食菜果"，而且规定手持哭丧棒的人在服丧期间不能听音乐。

　　大功的地位又次于齐缞。它是由经过加工的白色熟麻布制成，麻布的质地较为精细，其密度一般在八至九升。因为制作这种丧衣的材质被称为大功布，所以这款丧衣被叫作大功。男子为已经出嫁的姊妹及姑母、为堂兄弟，女子为丈夫的祖父母、伯叔父母守丧时就要穿这种丧服。大功的穿戴时间为九个月。穿大功的守丧者寝具可以用席子，但吃饭的时候不能食用酱类调味品。

　　小功的地位则次于大功。它也是用熟麻布制作而成，只是质地要比大功更为精细，密度为十至十一升。男子为伯叔祖父母，堂伯叔父母以及兄弟、堂兄妹的外祖父母，女子为丈夫的姑母姊妹以及妯娌服丧时都要穿小功。穿小功者的服丧期限为五个月，在这期间服丧者可以睡床榻，但不能饮酒。

　　缌麻是五服中地位最轻的一款丧服，所以它的质地最为精细。缌麻一般用十五升细麻制作而成，甚至首绖和腰绖也是细麻布质地。族曾祖父母、族祖父母、族父母、族兄弟、外孙、外甥、婿、岳父母、舅父等家族亲属的丧礼便需要缌麻。缌麻的穿戴时间为三个月，食宿规定与小功基本相同。

二、社会构架的服饰缩影
——各个阶层的服饰特征

当人类产生文明之时，贵贱有别、尊卑有度的社会阶级理念就如影随形地依附在社会发展的背面。这种观念如同人类生命基因一般，深深地植入人类的社交活动当中。

农民阶级，是世界文明进程中起到稳定作用的主要阶级，也是世界各国历史中地位较低的一个群体。古代中国是农业大国，务农者占据着社会人口结构中最大的比例，他们被集体称为庶民。史料中农民阶级的服饰记载虽然不是很多，但从各个朝代流传下来的陶俑、石刻、壁画等资料可以更直观地看到当时农民服装的款式。

根据史料记载，在描述庶民的服装时会提到"裋（shù）褐""毛褐"。根据现有出土文物判断，裋褐的基本款式为大襟，两袖紧窄，这种设计更加方便劳作；衣服的长度也考虑到田间劳作的现实效果，只达到了膝盖的部位。裋褐由粗布制成，质地粗糙，厚重但不暖，而且极不美观。西汉时有律法规定庶民只能穿没有染色的粗布短衣。这种现象一直到西汉后期才有所好转，禁令的放宽让庶民的衣服可选择的颜色除了麻布的本色，又多了青、绿两种。

在庶民服饰中还有一个极为重要的标志——头顶的笠帽。目前可以直观看到的实物是一个出土于成都扬子山汉墓的陶俑。这个陶俑身穿裋褐，头戴笠帽，是非常标准的庶民打扮。

关于笠帽的发展在明代还有一段有趣的故事。明初时士大夫阶级附庸风雅，喜欢模仿庶民的装束，有时候会戴着笠帽出入市井。这种风气引起了朝廷的注意，于是专门为此颁发了一道法令："农夫戴斗笠、蒲笠，出入市井不禁，不亲农业者不许。"在中国农耕者的套装中，和笠帽经常搭配的服装是蓑衣，蓑衣搭配笠帽成为农人、渔

戴笠帽的汉代农民

民的另一种套装搭配，以至于这种形象成为历史中农耕者的经典造型。

中国古代社会民众阶级划分，有着鲜明的地位区别，这就是中国特色的"四民"阶级——士、农、工、商。由此可见，中国古代民众阶级当中读书人的地位最高。这个地位特殊、文化层次高的群体的衣冠服饰自然具有自己的特色。

逢掖是古代读书人穿的一种服饰。因为腋部袖子制作得极为宽大，所以称为逢掖。传说孔夫子少居鲁国的时候，穿的就是这种款式的衣服，所以后世又将这种衣服尊称为儒服。这种款式的衣服随着襕衫的兴起，逐渐退出了历史舞台。

襕衫是一种圆领宽衫。用不染色的细麻布制作而成，除了在领、袖等处加边缘外，还在膝盖部位缀上一道横襕，这也是襕衫名字的由来。这种款式兴起于唐初，多作为士人礼服进行穿戴。

襕衫在宋代依然流行，朝廷下达文书，明文规定其为秀才、举人所穿的衣服。当时新科进士换下来的襕衫被当作吉祥之物，在学士当中常被抛抢。一直到明代，襕衫被当作士人公服，和软巾、皂绦配合使用。这一时期出现了将襕衫写作"蓝衫"的现象，这是因为明代用蓝绢制成襕衫。

宋代士人

如果将襕衫的襕去掉，则是一种被称为"直裰（duō）"的士人服装。宋明时期，退休官员、士大夫多穿这种便服。僧人也有穿直裰的。穿直裰的人物形象在《儒林外史》一类文本中可以找到大量的文字描写，在明清时代的人物画像当中也有许多非常直观的形象描绘。

在中国传统等级观念当中，四民中的商贾地位最低，但这一群体也是最为富足的一个阶级。也正是因为经济条件的宽裕，所以他们的服饰最为华贵，有的巨富所用服装饰品的精美程度甚至超过了帝王后妃。从历史资料中可以发现，从汉代开始，商人服饰华贵，妆饰奢华已经形成风气。除了服饰衣着，历代商人在车马、住宅方面的规格也都存在着犯上的现象。所以历代掌权者都采取政治压制的手段，将商贾的社会地位压制在农、工之后。在服装上也制定了一系列法则法规，严格限制商人所穿服装。

如西汉时汉高帝刘邦规定商贾只能穿素而无纹的粗布之服，但对于其他阶级就没有这种限制。针对服饰的款式、颜色等方面也有一些严格的要求。例如隋朝，商人只能穿黑色衣；五代的后唐，商人只能穿白色衣。历史各个时期政权对商贾服饰的压制，反而让其形成了独特的风格。

宋代商贾服饰的款式就非常别致，可以一眼看出其身份以及经营范围。例如，香铺裹香人，即顶帽披背。当时已经达到世人在街上通过服饰就能找到相应经营者的地步。发展到明清时代，商人一般多穿长衫、长袍，与身穿短衫的庶民阶层形成了鲜明对比。

除了这三个具有代表性的群体，其他每个阶层也必然具有和其对应的服饰特点。比如中国的佛教和道教，这两个宗教派系在各自的教仪规范下，分别展现出不同的服饰形制。按照

宋代卖眼药郎中的装扮

佛教戒律的规定，一旦出家就必须舍弃平常服饰，改穿僧侣服装。僧侣的服装分为两种，一种是日常服饰（**常服**），一种是做法事所穿的法服。袈裟是僧侣法服的总称，用色非常讲究，不能使用青、黄、赤、白、黑五种正色，也不能使用绯、红、紫、绿、碧五种"间色"，只能用若青、若黑、若木兰（**一种赤而带黑的颜色**）三种杂色。

道士本来没有统一的服装，一直到南北朝时期才制定出了基本款式。道士的服装也分为日常的常服和做法事所用的法服。法服中以鹤氅（chǎng）为贵。这是一种大幅的披风，没有领襟，没有袖子，整体造型为长方形。道士的常服没有统一制式，以道袍为主。道袍的款式多为大襟和对襟，两袖宽博，衣长至膝，所用材料以麻、棉为主，颜色有灰、褐、青、白等，领、袖、襟都镶有缘边。

不难看出，中华服饰文明的发展紧密跟随着社会生产力、执政者特权审美两大元素不断更替。研究中国古代服饰发展史，更深层的意义是探索中华民族在几千年的历史进程中精神特质的形成与转变。